区域农业水土资源系统恢复力测度方法及其调控机理研究

刘 东 赵 丹 朱伟峰 董淑华 著

U0348005

科学出版社

北 京

内 容 提 要

本书采用多种优化算法及评价模型,以揭示区域农业水土资源系统恢复力为出发点,以黑龙江省农垦建三江管理局所辖农场和红兴隆管理局所辖农场为研究平台,总结了区域农业水土资源系统恢复力的研究进展,在此基础上对其现状进行评价;介绍了区域农业水土资源系统恢复力测度方法,并对农业水土资源系统恢复力进行了评价;在水土资源系统恢复力评价的基础上,进一步分析了区域农业水资源系统恢复力驱动机制,得出各农场的关键驱动因子,为水土资源系统恢复力建设路径提供了支持;建立了区域农业水土资源系统恢复力情景分析方案集,分析关键驱动因子未来演化规律,揭示其未来演化态势;全面分析了区域农业水土资源系统恢复力对灌溉用水效率、农业水土环境和土壤墒情等系统要素的响应特征,并以水土资源系统恢复力为约束条件,研究了农业水资源优化配置和农业种植结构优化配置等调控模式。

本书可供农业水土工程、水文学及水资源、环境科学与工程、地理学、系统科学、管理科学与工程及其他相关专业的教学人员、科研人员借鉴与参考。

图书在版编目(CIP)数据

区域农业水土资源系统恢复力测度方法及其调控机理研究/ 刘东等著.
—北京:科学出版社,2020.8
  ISBN 978-7-03-065556-1

  Ⅰ. ①区… Ⅱ. ①刘… Ⅲ. ①区域农业-农业资源-水资源管理-研究②区域农业-农业用地-土地资源-资源管理-研究 Ⅳ. ①S279②F301.2

中国版本图书馆 CIP 数据核字(2020)第 105756 号

责任编辑:孟莹莹 韩海童 / 责任校对:樊雅琼
责任印制:吴兆东 / 封面设计:无极书装

科学出版社 出版
北京东黄城根北街 16 号
邮政编码:100717
http://www.sciencep.com

北京九州迅驰传媒文化有限公司 印刷
科学出版社发行 各地新华书店经销
*
2020 年 8 月第 一 版 开本:720×1000 1/16
2020 年 8 月第一次印刷 印张:12 1/2 插页:2
字数:247 000

定价:99.00 元
(如有印装质量问题,我社负责调换)

作 者 简 介

刘东，男，1972 年 12 月生，博士、教授、博士生导师、学院副院长，东北农业大学水文学及水资源学科带头人，"水旱灾害防治与水环境保护" B 类学科团队带头人，国家特色专业、黑龙江省重点专业（农业水利工程专业）、黑龙江省重点学科（农业水土工程学科）教学科研骨干，教育部高等学校水利类专业教学指导委员会农业水利工程专业建设指导组成员，中国水利教育协会第四届理事会理事，全国大学生结构设计竞赛分区赛（黑龙江）专家委员会委员。目前兼任中国自然资源学会水资源专业委员会常务委员、中国农业工程学会农业水土工程专业委员会委员等学术职务。主要从事农业水土资源优化利用与管理方面研究。近年来，主持国家自然科学基金、国家科技支撑计划课题子专题、国家重点研发计划课题子专题、高等学校博士学科点专项科研基金、中国博士后科学基金特别资助、黑龙江省自然科学基金等科研项目 18 项；发表学术论文 100 余篇，其中，SCI、EI 收录 50 余篇；出版学术专著 5 部；获得各类科研奖励 10 余项，其中，黑龙江省科学技术奖二等奖 3 项、三等奖 3 项；培养硕士研究生 50 名、博士研究生 8 名。

赵丹，女，1990 年 3 月生，黑龙江绥化人，硕士，实验师，主要从事农业水土资源优化利用与管理方面研究，工作于东北农业大学。

朱伟峰，男，1977 年生，黑龙江林甸人，博士，高级工程师，主要从事灌溉排水管理、节水灌溉技术研究和推广工作，工作于黑龙江省农田水利管理中心。

董淑华，女，1960 年 9 月生，二级教授级高级工程师，主要从事水文水资源、水文预报和水文信息化等方面研究，工作于黑龙江省水文局。

前　言

　　区域农业水土资源系统是与自然及人类活动紧密联系的复杂适应系统，具有不可预期、自组织、非线性、多稳态等特征。外部干扰下的区域农业水土资源系统的演化轨迹取决于恢复力、适应力及转化力 3 个属性，其中，恢复力是深入了解其他两个属性的基础。当面对外部干扰时，如何维持区域农业水土资源系统稳定性，防止其进入非预期状态，同时保护并培育系统的学习和自组织能力，都需要以恢复力的大小为依据。因此，恢复力是描述区域农业水土资源系统运行状态的基本属性，其量化表达是区域农业水土资源系统可持续研究的首要任务。恢复力理论是 20 世纪 70 年代发展起来的度量区域可持续发展能力的新手段，随着人们资源安全意识的逐步提升以及恢复力理论的逐步成熟，具有鲜明前沿性、交叉性和挑战性的区域农业水土资源系统恢复力研究已经成为当今水文学、地理学、土壤学及环境科学界共同关注的一个研究热点。因此，运用和借鉴恢复力理论，深入研究区域农业水土资源系统恢复力测度理论与方法，在农业水土工程研究领域中进行前沿性探索，可以为区域农业水土资源优化调控提供重要的科技支撑。本书结合大量的实证分析对各种先进测度算法进行了详细的介绍，对推动恢复力理论的农业应用及解决区域农业水土资源问题具有较强的理论价值与实际意义。

　　三江平原位于黑龙江省东北部，年粮食生产能力超过 150 亿 kg，商品粮率高达 80%以上，是黑龙江省粮食生产核心区域。首先，长期以来，三江平原由于工程调蓄能力弱，地表水利用率不高，农业灌溉主要以开发地下水为主，井灌水田比例高达 80%以上；其次，三江平原水利配套设施不完善，设计标准低，中低产田比例达到 60%左右；再次，三江平原长期大面积开垦沼泽湿地、林地和草地，盲目开发、"重垦轻治"；最后，为了追求增产，三江平原农民长期过量、不合理地施用化肥、农药。因此，三江平原农业开发模式是以牺牲资源和环境为代价的，模式不尽合理，资源利用效率低下，已经诱发了地下水位普遍下降、水土流失加剧、水质恶化、土壤肥力下降、湿地面积萎缩等严重问题，受到了国内学者的普遍关注。因此深入研究三江平原农业水土资源系统恢复力诊断方法、时空变化特征、驱动机制、未来演化格局、运行调控模式就显得尤为重要，可以为三江平原农业水土资源可持续利用提供科学依据，为国内其他区域进行农业种植结构优化研究提供一种研究模式，同时对于推动黑龙江省"千亿斤粮食产能巩固提高工程""三江平原现代农业综合配套改革试验区"建设及保障区域粮食安全、资源安全与生态安全具有重要理论与现实意义。

全书共 6 章，第 1 章介绍了恢复力内涵、区域农业水土资源系统恢复力研究进展及研究现状评析，由刘东负责撰写；第 2 章介绍了研究区域概况、灰色关联度分析、马田系统综合评价模型、逼近理想解排序评价模型、MTS-GRA-TOPSIS 综合评价模型、可变模糊评价模型、基于海明贴近度的模糊物元评价模型、投影寻踪评价模型、支持向量机评价模型和粒子群优化-支持向量机评价模型及这些模型、方法的应用研究，由赵丹负责撰写；第 3 章介绍了区域农业水资源系统恢复力驱动机制研究方法及实例应用，由董淑华负责撰写；第 4 章介绍了区域农业水资源系统恢复力时空演变特征、区域农业水土资源系统恢复力未来演化态势和考虑土壤墒情的区域农业水土资源系统恢复力未来演化态势分析，由刘东负责撰写；第 5 章介绍了区域农业水土资源系统恢复力对系统要素的响应特征，由朱伟峰负责撰写；第 6 章介绍了恢复力约束下区域农业水土资源系统运行调控模式，由朱伟峰负责撰写。

本书得到国家重点研发计划课题"大面积农业灌溉的地表水与地下水联合调控"专题 4 "农业灌溉系统用水效率驱动机制及其精细化调控模式研究"（项目编号：2017YFC0406002-04）、国家自然科学基金面上项目"区域农业水土资源复合系统恢复力时空特征分析及其约束效应研究"（项目编号：51579044）、国家自然科学基金面上项目"区域农业水土资源复合系统复杂性测度方法及应用研究——以三江平原为例"（项目编号：41071053）和黑龙江省自然科学基金面上项目"区域洪水灾害恢复力时空特征分析及其影响效应研究"（项目编号：E2017007）的联合资助。

在本书的研究过程中，我们参阅和借鉴了许多有关水土资源系统恢复力与优化配置研究的文献，在此向各位作者表示衷心感谢。在具体的撰写过程中，东北农业大学梁旭、龚方华、慕然、齐晓晨、徐磊、丁扬、李光轩等同志给予了一定的帮助与指导，在此一并表示感谢！

由于作者水平有限，书中不足之处在所难免，恳请广大读者批评指正！

作　者

2020 年 7 月

目　　录

彩图

第1章　区域农业水土资源系统恢复力基本理论分析

1.1　恢复力内涵解析

恢复力最初被韦氏字典定义为：收缩的物体在受到压力变形之后恢复其尺寸和形状的能力；从不幸或变化中适应或恢复的能力[1]。由于不同领域有不同的定义，恢复力更像是一种模糊边界物，而非是一种明确的、描述性概念[2]。

20 世纪 70 年代 Holling 首次将恢复力概念引入生态学领域，用于理解生态系统的非线性动态特征，其初始定义为：系统吸收状态变量、驱动变量和参数的变化并继续存在的能力[3]。20 世纪 80 年代，Timmerman 将恢复力与脆弱性研究联系在一起，以气候变化为研究内容将恢复力定义为从打击中恢复的能力[4]。之后，Pimm 指出恢复力是系统在承受外界扰动后从中恢复平衡状态的速度[5]。20 世纪 90 年代末，恢复力联盟将恢复力定义为：系统自组织力、学习适应力、可吸收扰动量[6]。时至今日，恢复力的内涵理解仍不统一。在生态学领域，国际上比较认同的恢复力概念是：系统吸收扰动并保持其功能、结构和反馈等特征的能力[7]。

20 世纪 90 年代末，Wilson 在 *The diversity of life*（《生命多样性》）一书中指出 21 世纪将是恢复生态学的时代[8]，2003 年恢复力研究被定为实现可持续发展的关键之一[9]。实际上，正如 Carl Folke（著名恢复力研究机构瑞典斯德哥尔摩恢复力中心主任）指出的，出于对多元主义（pluralism）和认知灵活性（epistemological agility）的尊重，恢复力的概念不会统一，也不应该统一[10]。

1.2　区域农业水土资源系统恢复力研究进展

全球变化及人类活动导致了区域农业水土资源系统退化特征日益明显，农业水土资源系统恢复力研究正在升温。特别是粮食危机和水土资源危机的日益加剧，作为国家战略基础资源，农业水土资源系统恢复力研究更是得到了国内外学者的普遍关注。自从 1973 年 Holling 创造性地将恢复力引入生态系统稳定性研究中，恢复力研究在实现区域可持续发展方面的价值已逐步被国内外学者接受和认可[3]。

1.2.1　水资源系统恢复力研究

水资源系统是由资源、环境、经济和社会耦合而成的复杂巨系统，其恢复力的大小与系统自身的结构、功能和复杂程度有关，同时也与外界施加的应力胁迫有关。随着全球气候变暖和人类对水资源系统干扰强度的增大，水资源短缺和水灾害事件频繁发生，水资源系统恢复力研究开始成为国内外水文学和灾害学领域中关注和研究的热点。

国内相关高校水文学及水资源、地理学、生态学、环境科学与工程、管理学等领域的学者对区域水资源系统及与其密切相关的水旱灾害系统、社会-生态系统恢复力进行了积极的探索，取得了一批有益的研究成果。于翠松采用均方差决策综合法与综合评价方法，计算出山西省 11 个地市水资源系统的恢复度[10]；赵卓[11]和井锋[12]分别建立了吉林省二松流域水资源系统恢复力 ArcGIS 评价模型、大连市水资源系统恢复力模糊综合评价模型与灰色关联分析评价模型；孙才志等以辽宁省下辽河平原为例，采用层次分析法和 ArcGIS 技术对地下水系统恢复力进行了评价[13]；周晓蔚等[14]和陈燕飞等[15]分别建立了基于最大熵的黄河干流水质恢复能力模糊评价模型、基于可变模糊识别理论的汉江流域水环境系统恢复力评价模型；葛怡等探讨了恢复力的基本内涵与应用现状，提出了恢复力研究的发展方向[16]，2011 年，葛怡等以湖南省长沙市为例，构建了水灾恢复力评估模型，揭示了水灾恢复力的时空变异规律[17]。另外，商慧莲以河北省邢台市为例，确定了农业旱灾恢复力指数等级，运用驱动力-压力-状态-影响-响应（driving forces-pressures-state-impacts-responses，DPSIR）概念模型建立了农业旱灾系统恢复驱动机制分析框架[18]；谷洪波等以湖南省 14 个市（州）为例，对其农业洪涝灾害灾后恢复力进行了评估[19]；张向龙等以甘肃省榆中县北部山区为例，建立了社会-生态系统干旱恢复力计算模型，分析了系统的适应性循环过程与机制[20]；王群等介绍了国外旅游地社会-生态系统恢复力研究在研究尺度与对象、研究方法与内容方面的进展，并进行了研究展望[21]。

国外水资源系统恢复力研究起步较早，已经具备了较为扎实完善的理论基础。特别是 1999 年以 Holling 为首的著名国际性学术组织恢复力联盟（Resilience Alliance）的成立，标志着恢复力研究范式的初步形成，极大地推动了恢复力理论的纵深发展。泰国清迈大学社会科学学院社会与环境研究中心于 2005 年协助发起了湄公河水环境与恢复力计划，旨在提高维持东南亚湄公河区域可持续生计的水管理质量，并分析社会与环境背景下人们适应和应对动态、多尺度相互关联的各种变化的能力，即恢复力思想[22]；Vergano 等构建了识别、描述恢复力价值成分的概念框架，并以威尼斯潟湖为例，实证评估了现场洪灾经济损失[23]；Alessa

等构建了北极脆弱性指数评价指标体系及其评价标准，评价分析了美国阿拉斯加州的鹰河镇、白山及威尔士 3 个社区的农业水资源系统恢复力与脆弱性[24]；Miller 等运用美国加利福尼亚州水资源部开发的加利福尼亚州地表水配置仿真模型及加利福尼亚州地表-地下水仿真模型，评价了加利福尼亚州中央山谷萨克拉门托、圣华金河、图莱里及东区 4 个流域地表-地下水输送系统的干旱恢复力[25]；Duniway 等以美国新墨西哥州南部 3 个灌-草混合群落为例，用土壤水分传感器监测土壤墒情的变化，解释了考虑碳酸盐胶结土层保水能力的干旱生态系统的恢复力[26]；泰晤士河水务有限公司指定 Black & Veatch 公司对伦敦和泰晤士河流域内若干关键水处理资产的洪灾恢复力进行评估，以帮助上述区域内 870 万用户保护基础设施，维护水安全[27]；Cosens 等以哥伦比亚河流域为例，探索了恢复力背景下国际河流治理面临的不确定性、生态系统恶化等问题，提出适应性管理是适应性治理概念中培育社会-生态恢复力所需要的制度变迁的影响因素之一[28]；Nguyen 等采用主要知情者访谈、集中小组讨论、实地调查、5 点利克特量表及二元响应等方法，对越南湄公河三角洲 3 个社区的家庭洪水灾害恢复力进行了测度，并采用社会科学统计软件包（statistical package for social science，SPSS）识别出了解释家庭洪水灾害恢复力不同特性的潜在因素[29]；Scott 等以智利利马里河、美国因皮里尔河谷、西班牙瓜迪亚纳河为例，探索了与流域恢复力相关的灌溉、效率、生态系统服务及农业生产之间的折中，并提出了灌溉效率与水政策建议[30]。

总之，目前国内外有关水资源系统恢复力的研究仍滞留于概念层面及案例分析的模式上，水资源系统恢复力诊断方法研究还很薄弱，并且其形成机制与影响因素研究还很缺乏，水资源系统恢复力诊断结果对实践的指导作用有待加强，特别是国内外学者鲜有尝试对水资源系统恢复力演变态势进行情景仿真模拟，这将成为水资源系统恢复力研究的重要发展方向。

1.2.2　土地资源系统恢复力研究

土地资源系统是人类-环境耦合构成的地球系统的陆地组成部分，其恢复力是由生态系统和一系列政治、经济、社会条件及过程的相互作用所决定的。认识和管理集约化人类活动和全球环境快速变化驱动的土地资源系统恢复力是人类社会面临的重要挑战。我国学者结合区域土地利用方式、水土流失、野外群落调查等情况，对区域土地资源系统及与其密切相关的社会-生态系统恢复力进行了初步的探索，积累了一定的研究成果。王葆芳等以地处乌兰布和沙漠东北缘的试验区为研究基点，分析了土地利用方式及防护林体系营造方式对沙漠化土地恢复能力的影响[31-32]；龙健等以贵州省典型喀斯特石漠化地区——紫云苗族布依族自治县的 6 个乡镇为例，分析了土地利用方式对石漠化地区土壤质量恢复能力的影响和调控机理[33]；尹乐等以陕西省安塞县（安塞区）纸坊沟流域为例，分析了流域土壤抗水蚀能力偏离理想状态程度的变化情况、生态系统健康动态变化、恢复力和可恢复程度[34]；王俊等以甘肃省榆中县为例，选择遥感技术中对土地利用/覆被变化敏感的归一化植被指数（normalized difference vegetation index，NDVI）作为干扰反馈变量，采用移动窗口运算法则对其不同地区社会-生态系统的多尺度干扰进行了量化计算，进而对系统恢复力进行了评价[35]；陆丽珍等以浙江省舟山岛 17 个乡镇为例，构建了涵盖活力、组织结构、恢复力、生态系统服务功能的生态系统健康评价指标体系，采用地理信息系统（geographic information system，GIS）、遥感（remote sensing，RS）技术对其 1970~2005 年的生态系统健康状态进行了时空动态评价[36]；吴健生等以吉林省辽源市为例，从压力度、敏感性、恢复力角度构建矿区自然生态系统脆弱性评价指标体系，结合熵权、GIS 技术等方法对其进行了系统分析与评价[37]；李玉会等以陕西省杨凌示范区五泉镇长期肥料定位试验基地 23 年长期不同施肥处理的壤土为供试土壤，通过室内培养发现，平衡施肥特别是化肥配合有机肥施用可以显著提高壤土恢复力，降低壤土重金属 Cr 污染危害[38]。

　　国外学者早在 20 世纪 90 年代就提出了土地资源系统恢复力的概念，将其定义为系统自身经受外界干扰后恢复系统功能与结构完整性的能力。经过 20 多年的探索，国外学者在土地资源系统恢复力研究方面积累了较多的研究成果。Seybold等建立了土壤恢复力评估框架，提出了 3 种土壤恢复力评估方法[39]；Orwin 等提出了可以量化度量土壤对于外界干扰的抵抗力与恢复力的新指数，并以新西兰林肯地区和韦斯特兰省 3 种具有不同特性的土壤为例，对新指数性能进行了测试[40]；Vasil'evskaya 等依据东欧冻土带亚马尔半岛和泰梅尔半岛的野外试验数据，建立了评价苔原生态系统中土壤退化程度及土壤、植被的自然或人工恢复潜力的经验方程[41]；Wada 等运用从日本爱知县名古屋大学农场采集的两组土壤样本——施用化肥土壤与混合施用化肥和农家肥土壤，对土壤消毒背景下两种土壤生态功能抵抗力与恢复力进行了比较研究[42]；Chaer 等以巴西东北部塞尔希培州巴西农业研究公司海岸台地研究中心的 Umbaúba 试验站为研究基点，对热冲击干扰下土壤微生物群落与酶活性的抵抗力与恢复力进行了比较研究[43]；Dörner 等以智利南部的火山灰土为例，在测定分析其理化性质的基础上，计算了线性延伸系数，量化分析了土地利用变化对经受机械、水力应力的火山灰土壤孔隙功能及其功能恢复力的影响[44]；Mah 等运用基于正常运行条件准则的模糊推理系统，分析了马来西亚古晋河河滨湿地的恢复力状况[45]；Rodriguez 等通过整合考古学、地貌学等数据，描述了墨西哥 Mixteca Alta 地区梯田的发展历史，指出当地梯田发展历史的不同阶段是与可恢复系统的自适应循环相适应的[46]；Nyssen 等运用重复照相技术、专家评分系统等方法，分析了黑山共和国土地利用与覆被的变化及其土地系统恢复力状况[47]。

总之，目前国内外学者主要是通过土壤质地、群落规模、群落活性、群落复杂性、能流对称性等研究土壤系统恢复力，但涵盖地貌形态、植被、土壤、经济、社会等诸多控制因子的区域土地资源系统恢复力评价指标体系有待于建立和完善，土壤系统恢复力的量化研究方法有待加强，特别是包含社会过程与土壤系统恢复力在内的土地资源系统恢复力形成机制的研究较少，这将成为土地资源系统恢复力研究的重要研究方向。

1.3 区域农业水土资源系统恢复力研究现状评析

综合上述，尽管国内外学者在农业水土资源系统恢复力的研究方面取得了一定进展，但从农业水土资源系统的角度看，尚有以下一些内容值得进一步研究：

（1）从研究载体上看，单独研究水资源系统、土地资源系统恢复力的多，而综合研究农业水土资源系统恢复力的少。

（2）从研究尺度上看，侧重于流域、各级行政区或试验区尺度恢复力的研究多，而侧重于产粮核心区尺度恢复力的研究少。

（3）从研究过程来说，侧重于系统本身的研究较多，进一步分析其驱动机制的研究较少，而分析水土资源系统恢复力对系统要素响应特征的研究更少。

（4）从研究方法上看，采用单一方法诊断系统恢复力的研究较多，而采用多种方法诊断系统恢复力进而评价方法适用性的研究较少。

参 考 文 献

[1] Merriam W. Merriam-Webster's collegiate dictionary[M]. 11th ed.Spring field: Merriam-Webster, 2003.

[2] Brand F S, Jax K. Focusing the meaning(s) of resilience: resilience as a descriptive concept and a boundary object[J]. Ecology & Society, 2007, 12 (1): 181-194.

[3] Holling C S. Resilience and stability of ecological systems[J]. Annual Review of Ecology & Systematics, 1973, 4(4): 1-23.

[4] Timmerman P. Vulnerability, resilience and the collapse of society: a review of models and possible climatic applications[M]. Toronto: Institute for Environmental Studies, University of Toronto, 1981.

[5] Pimm S L. The complexity and stability of ecosystems[J]. Nature, 1984, 307: 321-326.

[6] Adger W N. Sustainability and social resilience in coastal resource use[R]. Norwich: University of East Anglia, Centre for Social and Economic Research on the Global Environment (CSERGE), 1997.

[7] Walker B, Salt D. Resilience practice: building capacity to absorb disturbance and maintain function[M]. St. Louis: Island Press, 2012.

[8] Wilson E O. The diversity of life [M]. London: Palgrave, 1979.

[9] Adger W N. Building resilience to promote sustainability–an agenda for coping with globalisation and promoting justice[R]. Germany: International Human Dimensions Programme on Global Environmental Change, 2003.

[10] 于翠松. 山西省水资源系统恢复力定量评价研究[J]. 水利学报, 2007 (增刊 1): 495-499.

[11] 赵卓. GIS 支持下的二松流域水资源系统恢复力评价[D]. 长春: 东北师范大学, 2009.

[12] 井锋. 大连市水资源系统恢复力评价研究[D]. 大连: 辽宁师范大学, 2010.

[13] 孙才志, 胡冬玲, 杨磊. 下辽河平原地下水系统恢复力研究[J]. 水利水电科技进展, 2011,31(5): 5-10.

[14] 周晓蔚, 王丽萍, 张验科. 基于最大熵的河流水质恢复能力模糊评价模型[J]. 中国农村水利水电, 2008(1): 23-25.

[15] 陈燕飞, 张翔, 杨静. 基于可变模糊识别模型的水环境系统恢复力评价[J]. 武汉大学学报(工学版), 2014, 47(3): 340-343, 349.

[16] 葛怡, 史培军, 徐伟, 等. 恢复力研究的新进展与评述[J]. 灾害学, 2010, 25(3): 119-124, 129.

[17] 葛怡, 史培军, 周忻, 等. 水灾恢复力评估研究: 以湖南省长沙市为例[J]. 北京师范大学学报(自然科学版), 2011, 47(2): 197-201.

[18] 商慧莲. 农业旱灾系统恢复及其驱动影响因素初探[D]. 石家庄: 河北师范大学, 2010.

[19] 谷洪波, 李晶云, 唐铠. 湖南省农业洪涝灾后恢复力评价指标体系及其应用[J]. 沈阳农业大学学报(社会科学版), 2013, 15(3): 270-274.

[20] 张向龙, 杨新军, 王俊, 等. 基于恢复力定量测度的社会-生态系统适应性循环研究——以榆中县北部山区为例[J]. 西北大学学报(自然科学版), 2013, 43(6): 952-956.

[21] 王群, 陆林, 杨兴柱. 国外旅游地社会-生态系统恢复力研究进展与启示[J]. 自然资源学报, 2014, 29(5): 894-908.

[22] Imamura M. The Mekong program on water, environment and resilience (M-POWER) [J]. Mountain Research and Development, 2006, 26 (3): 274-275.

[23] Vergano L, Nunes P A L D. Analysis and evaluation of ecosystem resilience: an economic perspective with an application to the Venice lagoon[J]. Biodiversity and Conservation, 2007, 16 (12): 3385-3408.

[24] Alessa L, Kliskey A, Lammers R, et al. The arctic water resource vulnerability index: an integrated assessment tool for community resilience and vulnerability with respect to freshwater[J]. Environmental Management, 2008, 42(3): 523-541.

[25] Miller N L, Dale L L, Brush C F, et al. Drought resilience of the California central valley surface-ground-water-conveyance system[J]. Journal of the American Water Resources Association, 2009, 45(4): 857-866.

[26] Duniway M C, Herrick J E, Monger H C. Spatial and temporal variability of plant-available water in calcium carbonate-cemented soils and consequences for arid ecosystem resilience[J]. Oecologia, 2010, 163(1): 215-226.

[27] Black & Veatch assesses flooding resilience for Thames Water[J]. Pump Industry Analyst, 2011 (3): 3.

[28] Cosens B A, Williams M K. Resilience and water governance: adaptive governance in the Columbia river basin[J]. Ecology and Society, 2012, 17(4): 128.

[29] Nguyen K V, James H. Measuring household resilience to floods: a case study in the Vietnamese Mekong river delta[J]. Ecology and Society, 2013, 18(3): 13.

[30] Scott C A, Vicuña S, Blanco-Gutiérrez I, et al. Irrigation efficiency and water-policy implications for river basin resilience[J]. Hydrology and Earth System Sciences, 2014, 18(4): 1339-1348.

[31] 王葆芳, 贾宝全, 杨晓晖, 等. 干旱区土地利用方式对沙漠化土地恢复能力的评价[J].生态学报, 2002, 22(12): 2030-2035.

[32] 王葆芳, 王志刚, 江泽平, 等. 干旱区防护林营造方式对沙漠化土地恢复能力的影响研究[J]. 中国沙漠, 2003, 23(3): 236-241.

[33] 龙健, 邓启琼, 江新荣, 等. 贵州喀斯特石漠化地区土地利用方式对土壤质量恢复能力的影响[J]. 生态学报, 2005, 25(12): 3188-3195.

[34] 尹乐, 倪晋仁. 黄土丘陵区土壤抗水蚀能力变化的动态评估[J]. 自然资源学报, 2007, 22(5): 724-734.

[35] 王俊, 孙晶, 杨新军, 等. 基于 NDVI 的社会-生态系统多尺度干扰分析——以甘肃省榆中县为例[J].生态学报, 2009, 29(3): 1622-1628.

[36] 陆丽珍, 詹远增, 叶艳妹, 等. 基于土地利用空间格局的区域生态系统健康评价——以舟山岛为例[J]. 生态学报, 2010, 30(1): 245-252.

[37] 吴健生, 宗敏丽, 彭建. 基于景观格局的矿区生态脆弱性评价——以吉林省辽源市为例[J].生态学杂志, 2012, 31(12): 3213-3220.

[38] 李玉会, 张树兰, 封涌涛, 等. 长期不同施肥墣土对外源 Cr(III)形态转化的影响[J].农业环境科学学报, 2014, 33(6): 1146-1152.

[39] Seybold C A, Herrick J E, Brejda J J. Soil resilience: a fundamental component of soil quality[J]. Soil Science, 1999, 164(4): 224-234.

[40] Orwin K H, Wardle D A. New indices for quantifying the resistance and resilience of soil biota to exogenous disturbances[J]. Soil Biology and Biochemistry, 2004, 36(11): 1907-1912.

[41] Vasil'evskaya V D, Grigor'ev V Ya, Pogozheva E A. Relationships between soil and vegetation characteristics of tundra ecosystems and their use to assess soil resilience, degradation, and rehabilitation potentials[J]. Eurasian Soil Science, 2006, 39(3): 314-323.

[42] Wada S, Toyota K. Repeated applications of farmyard manure enhance resistance and resilience of soil biological functions against soil disinfection[J]. Biology and Fertility of Soils, 2007, 43(3): 349-356.

[43] Chaer G, Fernandes M, Myrold D, et al. Comparative resistance and resilience of soil microbial communities and enzyme activities in adjacent native forest and agricultural soils[J]. Microbial Ecology, 2009, 58(2): 414-424.

[44] Dörner J, Dec D, Zúñiga F, et al. Effect of land use change on Andosol's pore functions and their functional resilience after mechanical and hydraulic stresses[J]. Soil and Tillage Research, 2011, 115-116: 71-79.

[45] Mah D Y S, Bustami R A. Conserving the land: the resilience of riparian wetlands and river channels by a fuzzy inference system[J]. Sustainability Science, 2012, 7(2): 267-272.

[46] Rodriguez V P, Anderson K C.Terracing in the Mixteca Alta, Mexico: cycles of resilience of an ancient land-use strategy[J]. Human Ecology, 2013, 41(3): 335-349.

[47] Nyssen J, Branden J V, Spalević V, et al. Twentieth century land resilience in Montenegro and consequent hydrological response[J]. Land Degradation & Development, 2014, 25(4): 336-349.

第2章 区域农业水土资源系统恢复力测度方法研究

水土资源作为国家战略性基础资源，在社会、经济及生态环境可持续发展中均占据着不可或缺的地位，既是人类赖以生存的重要自然因子，又是可供利用的重要资源[1]。随着人类社会与经济的不断发展以及人类对自然资源的无节制开发利用，生态环境遭受严重破坏，各类环境问题频现，农业水土资源供需矛盾日趋尖锐，因此开展区域农业水土资源系统恢复力研究对于了解区域水土资源状况、识别主控因子、实现农业水土资源科学利用管理、保障水安全以及维系区域农业可持续发展具有重要而深远的意义。

2.1 研究区域概况

本章以黑龙江省农垦建三江管理局所辖农场和黑龙江省农垦红兴隆管理局所辖农场两个区域为研究平台，对区域农业水土资源系统恢复力进行测度研究。

2.1.1 建三江管理局所辖农场

1. 地理位置

建三江管理局所辖农场包括八五九农场、七星农场、前进农场、大兴农场、创业农场、洪河农场、红卫农场、前锋农场、胜利农场、勤得利农场、前哨农场、二道河农场、浓江农场、鸭绿河农场和青龙山农场，具体区域位置见图 2-1。

2. 气候特征

建三江管理局所辖农场坐落在寒温带，属寒温带季风气候区，四季气候差别明显，降水量充足，全年平均降水量在 550~600mm，每年七、八、九三个月份降水量最多，占全年降水量的 1/2~2/3，因此易在秋季形成洪涝灾害。

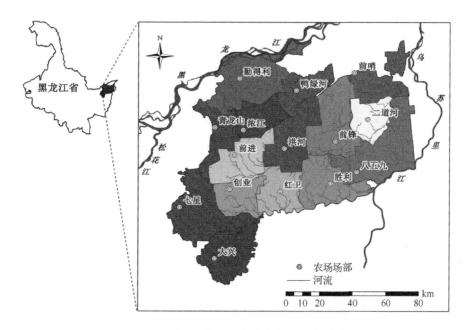

图 2-1　建三江管理局所辖农场区域位置图

3. 水文特征

建三江管理局所辖农场具有较为丰富的水资源，水域纵横交错，辖区边界有黑龙江、乌苏里江与之相交，辖区内拥有七星河、别拉洪河、鸭绿河、青龙莲花河、挠力河和浓江河六条河流，地表水量 2379 亿 m^3，地下水总储量 6263 亿 m^3，具有较强的开发利用潜能。

2.1.2　红兴隆管理局所辖农场

1. 地理位置

红兴隆管理局所辖农场包括友谊农场、五九七农场、八五二农场、八五三农场、饶河农场、二九一农场、双鸭山农场、江川农场、曙光农场、北兴农场、红旗岭农场和宝山农场，具体区域位置如图 2-2 所示。

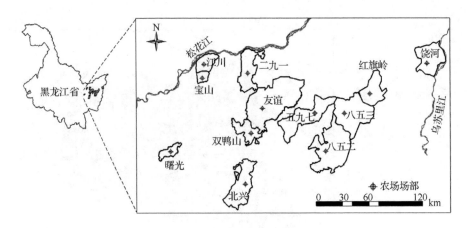

图 2-2　红兴隆管理局所辖农场区域位置图

2. 气候特征

红兴隆管理局所辖农场属于中温带大陆性季风气候，四季气候差异巨大，冬季寒冷漫长，春季多风干旱，夏季炎热多雨，秋季凉爽，且常出现洪涝、干旱、霜冻及冰雹等自然灾害。红兴隆管理局所辖农场东西降水量差距较大，存在空间分布不均的问题，其中西部二九一、友谊、五九七、江川、曙光、双鸭山等农场，多年平均降水量在 500mm 左右，而东部的八五二、八五三、红旗岭、饶河农场，多年平均降水量在 560mm 左右，区域多年平均蒸发量为 1200mm 左右[2]。

3. 水文特征

红兴隆管理局所辖农场河流纵横交错（黑龙江和乌苏里江两条国际河流从其边界流过），水资源丰富。区域内不仅拥有蛤蟆通大型水库灌区，还拥有国家级挠力河湿地自然保护区。水资源总量为 15.256 亿 m³，其中地表水资源量为 7.873 亿 m³，地下水资源量为 7.383 亿 m³，地表水可利用水资源量为 2.3069 亿 m³，地下水可开采量为 5.8518 亿 m³，区内过境水量达 1312.72 亿 m³[3]。

2.2　灰色关联度分析

2.2.1　模型原理

灰色关联度分析（grey relation analysis，GRA）是灰色系统理论中的重要分析方法[4]。它是根据因素之间的发展趋势的相似或相异程度来衡量因素间关联程度的一种方法。如果两个因素间变化趋势具有一致性，则两者的关联度较高；反之，则较低。其计算步骤如下。

（1）建立加权规范化矩阵 Y_{ij}。

$$Y_{ij} = w_j \times y_{ij} \qquad (2\text{-}1)$$

式中，w_j——n 个指标的权重向量；

　　　y_{ij}——各指标标准化后的矩阵。

（2）确定正理想解 $Y_0^+(j)$。

$$Y_0^+(j) = \begin{cases} \max Y_{ij}, & \text{效益型指标} \\ \min Y_{ij}, & \text{成本型指标} \end{cases} \qquad (2\text{-}2)$$

（3）求待评价区与正理想解的灰色关联系数 $r_i(j)$。

$$r_i(j) = \frac{\min_n \min_m \left| Y_0^+(j) - Y_{ij} \right| + \lambda \max_n \max_m \left| Y_0^+(j) - Y_{ij} \right|}{\left| Y_0^+(j) - Y_{ij} \right| + \lambda \max_n \max_m \left| Y_0^+(j) - Y_{ij} \right|} \qquad (2\text{-}3)$$

式中，λ——分辨系数，通常取 0.5；

　　　m——被选方案的个数。

（4）计算关联度 R_i。

$$R_i = \sum_{k=1}^n w_j r_i(j) \qquad (2\text{-}4)$$

（5）综合评价。

按照式（2-4）计算关联度 R_i，R_i 越大说明关联程度越高。

2.2.2　实例应用

本节以建三江管理局 15 个农场为例，设定八五九农场为 A 农场、胜利农场为 B 农场、七星农场为 C 农场、勤得利农场为 D 农场、大兴农场为 E 农场、青龙山农场为 F 农场、前进农场为 G 农场、创业农场为 H 农场、红卫农场为 I 农场、前哨农场为 J 农场、前锋农场为 K 农场、洪河农场为 L 农场、鸭绿河农场为 M 农场、二道河农场为 N 农场、浓江农场为 O 农场，采用博弈论法将层次分析法与熵权法进行综合赋权分析以构建评价指标体系，并运用 GRA 模型对农业水土资源系统恢复力进行评价，评价指标按照自然、生态、社会、经济和技术五个维度进行筛选，见表 2-1。

采用灰色关联度分析模型的理论与计算步骤，将建三江管理局各农场农业水土资源系统恢复力评价指标归一化，进行加权后求得灰色关联系数矩阵如表 2-2 所示，并得出评价对象与理想解的关联度，关联度值及其排序结果见表 2-3。

表 2-1　农业水土资源系统恢复力评价指标

一级指标	二级指标	一级指标	二级指标
自然维	年降水量（V_1） 人均水资源占有量（V_2） 水域面积比例（V_3） 农业水土资源匹配系数（V_4） 耕地面积比例（V_5） 建设用地面积比例（V_6） 水利工程年供水量（V_7）	社会维	人口密度（V_{14}） 人均耕地面积（V_{15}） 教育从业人员比例（V_{16}） 粮食作物单位面积产量（V_{17}）
生态维	土壤质量指数（V_8） 地均化肥施用总量（V_9） 地均农药施用量（V_{10}） 水土流失面积（V_{11}） 人均绿地面积（V_{12}） 农作物成灾面积（V_{13}）	经济维	人均 GDP（V_{18}） 人均纯收入（V_{19}） 万元 GDP 能耗（V_{20}） 工业经济综合效益指数（V_{21}） 本年水利资金总投入（V_{22}）
		技术维	机电井数量（V_{23}） 水利人员从业比率（V_{24}） 有效灌溉面积率（V_{25}） 除涝面积（V_{26}） 节水灌溉面积（V_{27}）

表 2-2　灰色关联系数矩阵

	A	B	C	D	E	F	G	H	I	J	K	L	M	N	O
V_1	1.00	0.94	0.73	0.83	0.83	0.72	0.75	0.77	0.83	0.90	0.85	0.75	0.75	0.84	0.76
V_2	1.00	0.72	0.79	0.67	0.51	0.52	0.79	0.64	0.71	0.63	0.68	0.52	0.82	0.51	0.50
V_3	0.76	0.67	0.65	1.00	0.70	0.77	0.67	0.66	0.82	0.77	0.65	0.65	0.65	0.70	0.79
V_4	1.00	0.80	0.58	0.97	0.72	0.62	0.61	0.63	0.72	0.82	0.77	0.63	0.64	0.70	0.62
V_5	0.44	0.92	0.40	1.00	0.46	0.49	0.37	0.34	0.54	0.59	0.43	0.43	0.63	0.43	0.33
V_6	0.96	0.98	0.90	0.97	1.00	0.98	0.94	0.97	0.98	0.96	0.99	0.96	0.98	0.97	0.98
V_7	1.00	0.79	0.98	0.94	0.84	0.80	0.88	0.82	0.81	0.81	0.94	0.82	0.78	0.80	0.82
V_8	0.58	0.68	0.58	0.61	0.75	0.92	0.60	0.66	0.68	0.99	0.62	1.00	0.94	0.72	0.77
V_9	0.72	0.99	0.70	0.94	0.83	0.74	0.68	0.86	0.77	0.82	0.84	1.00	0.83	0.83	0.73

续表

	A	B	C	D	E	F	G	H	I	J	K	L	M	N	O
V_{10}	0.91	0.86	0.87	0.92	0.97	0.95	0.92	0.87	0.95	0.89	0.96	0.95	0.92	1.00	0.94
V_{11}	0.90	0.83	1.00	0.86	1.00	1.00	1.00	1.00	1.00	1.00	1.00	1.00	1.00	1.00	1.00
V_{12}	1.00	0.95	0.93	0.91	0.88	0.91	0.92	0.96	0.88	0.92	0.93	0.92	0.93	0.92	0.91
V_{13}	0.83	0.85	0.76	0.84	0.98	0.83	0.89	0.99	0.99	1.00	0.90	0.88	0.99	0.94	0.93
V_{14}	0.90	0.90	0.75	0.88	0.83	0.82	0.77	0.74	0.88	0.79	0.92	0.94	0.95	1.00	0.93
V_{15}	0.85	0.81	0.78	0.80	0.80	0.79	0.79	0.78	0.82	0.77	0.87	0.89	0.87	1.00	0.90
V_{16}	0.92	0.84	1.00	0.99	0.88	0.92	0.86	0.88	0.87	0.95	0.91	0.86	0.98	0.86	0.85
V_{17}	0.87	0.87	0.99	0.92	0.95	0.94	0.97	1.00	0.97	0.93	0.93	0.94	0.97	0.96	0.99
V_{18}	0.89	0.89	0.94	0.95	0.93	0.94	0.88	0.88	0.82	1.00	0.84	0.83	0.83	0.69	0.75
V_{19}	0.83	0.76	0.91	0.86	0.95	0.89	1.00	0.91	0.90	0.88	0.91	0.79	0.78	0.89	0.85
V_{20}	0.92	0.96	0.93	0.95	0.91	0.91	0.95	0.92	0.95	0.87	0.99	0.93	0.97	0.99	1.00
V_{21}	0.93	0.99	0.99	0.94	0.95	0.99	0.94	0.90	0.96	1.00	0.97	0.98	0.94	0.97	
V_{22}	0.71	0.72	0.94	0.72	0.70	1.00	0.70	0.72	0.71	0.70	0.70	0.70	0.70	0.70	0.70
V_{23}	0.97	0.92	0.97	0.97	0.89	0.92	0.93	0.92	0.92	1.00	0.89	0.91	0.90	0.91	0.92
V_{24}	0.91	0.93	0.90	0.92	0.91	1.00	0.92	0.93	0.90	0.93	0.92	0.92	0.96	0.94	0.91
V_{25}	0.83	0.92	0.90	0.90	0.89	0.96	0.96	0.99	0.95	0.98	0.92	0.93	0.99	0.96	1.00
V_{26}	0.89	0.87	1.00	0.87	0.88	0.87	0.88	0.85	0.86	0.85	0.89	0.86	0.86	0.87	0.86
V_{27}	0.92	0.87	1.00	0.88	0.88	0.86	0.90	0.86	0.86	0.87	0.95	0.88	0.84	0.86	0.87

表2-3 各农场关联度值及排序结果

农场	关联度值	关联度值排序	农场	关联度值	关联度值排序
八五九	0.8670	4	红卫	0.8541	8
胜利	0.8572	6	前哨	0.8731	2
七星	0.8467	10	前锋	0.8595	5
勤得利	0.8902	1	洪河	0.8460	11
大兴	0.8454	12	鸭绿河	0.8674	3
青龙山	0.8545	7	二道河	0.8492	9
前进	0.8317	14	浓江	0.8364	13
创业	0.8312	15	—	—	—

利用自然断点法并结合实际情况，按关联度值将恢复力分为三个等级，0.87～0.89 为Ⅲ级，0.85～0.87 为Ⅱ级，0.83～0.85 为Ⅰ级，等级越高代表恢复力越强（图 2-3）。

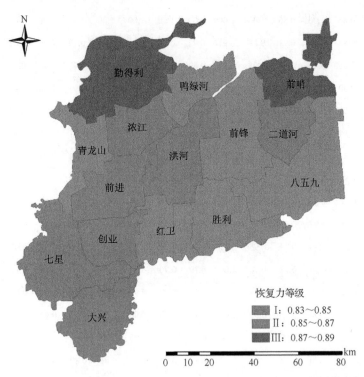

图 2-3　GRA 模型下建三江管理局水土资源系统恢复力等级分区图（见书后彩图）

由表 2-3 与图 2-3 可知，勤得利农场、前哨农场农业水土资源系统恢复力为Ⅲ级，水资源系统恢复力较强，区域内水土资源状态表现为较强且无压力；鸭绿河农场、八五九农场、前锋农场、胜利农场、青龙山农场、红卫农场农业水土资源系统恢复力为Ⅱ级，水资源系统恢复力较好，区域内水土资源状态表现为较弱且无压力；二道河农场、七星农场、洪河农场、大兴农场、浓江农场、前进农场、创业农场农业水土资源系统恢复力为Ⅰ级，水资源系统恢复力较弱，区域内水土资源状态表现为较弱且需要改善。

2.3　马田系统综合评价模型

马田系统（Mahalanobis-Taguchi system，MTS）综合评价模型是 20 世纪 90 年代由日本质量工程专家田口玄一提出的一种多元系统定量模式识别方法，将正交试验设计、信噪比与马氏距离相结合，进而对待测群体进行分类和检测[5]。

2.3.1　模型原理

根据综合评价的实际情况，无法获取基准空间的样本数据，则 MTS 综合评价模型分为以下几个步骤。

步骤 1：确定理想点。

（1）根据评价指标体系识别综合评价指标 v_j，　$j=1,2,\cdots,p$。

（2）收集 m 个待评价样本的数据，将指标数据进行同向化处理，全部转换为正向指标，用 $V_i=\left[v_{i1},v_{i2},\cdots,v_{ip}\right]^{\mathrm{T}}$，$i=1,2,\cdots,m$ 表示待测样本群体中第 i 个样本同向化处理后的数据。

（3）将每个指标中的最大值，构成一个虚拟样本，即正理想点，记为 $V^*=\left[v_1^*,v_2^*,\cdots,v_p^*\right]^{\mathrm{T}}$，式中，$v_j^*=\max\left\{v_{ij}\right\}$。

步骤 2：计算待测样本与正理想点的马氏距离：

$$\mathrm{MD}_i^2=\frac{1}{p}(V_i-V^*)^{\mathrm{T}}S^{-1}(V_i-V^*) \tag{2-5}$$

式中，p——评价指标个数；

S——待测样本的相关系数矩阵。

步骤 3：实施综合评价。

根据马氏距离的大小对待测样本进行排序，马氏距离越小说明评价结果越好。

2.3.2　实例应用

本节以建三江管理局 15 个农场为研究平台，筛选了年降水量、人均水资源占有量、水域面积比例、农业水土资源匹配系数、耕地面积比例、建设用地面积比例、水利工程年供水量、土壤质量指数、地均化肥施用总量、地均农药施用量、水土流失面积、人均绿地面积、农作物成灾面积、人口密度、人均耕地面积、教育从业人员比例、粮食作物单位面积产量、人均 GDP、人均纯收入、万元 GDP 能耗、工业经济综合效益指数、本年水利资金总投入、机电井数量、水利人员从业比率、有效灌溉面积率、除涝面积和节水灌溉面积 27 个指标构建评价指标体系，采用 MTS 综合评价模型评价农业水土资源系统恢复力。

因实际情况无法获取基准空间的样本数据，需要用正理想点作为马田系统的拟基准，并利用公式计算出评价对象与正理想点的马氏距离，建三江管理局各农场马氏距离值及其排序见表 2-4，马氏距离越小，表明评价对象与正理想点的距离越近。

利用自然断点法并结合实际情况，按马氏距离值将恢复力划分为三个等级，

1.5～2.0 为Ⅲ级，2.0～2.5 为Ⅱ级，2.5～3.0 为Ⅰ级，等级越高代表恢复力越强（图2-4）。

表 2-4　建三江管理局各农场马氏距离值及其排序

农场	马氏距离值	马氏距离值排序	农场	马氏距离值	马氏距离值排序
八五九	1.7980	1	红卫	1.8261	3
胜利	2.0862	6	前哨	2.2329	9
七星	2.0540	5	前锋	1.8446	4
勤得利	1.8219	2	洪河	2.4903	12
大兴	2.6279	14	鸭绿河	2.3005	11
青龙山	2.2367	10	二道河	2.1857	8
前进	2.5254	13	浓江	2.7092	15
创业	2.1411	7	—	—	—

图 2-4　MTS 综合评价模型下建三江管理局水土资源系统恢复力等级分区图（见书后彩图）

由表 2-4 与图 2-4 可知，八五九农场、勤得利农场、红卫农场、前锋农场农业水土资源系统恢复力为Ⅲ级，水资源系统恢复力较强，区域内水土资源状态表现为较强且无压力；七星农场、胜利农场、创业农场、二道河农场、前哨农场、青龙山农场、鸭绿河农场、洪河农场农业水土资源系统恢复力为Ⅱ级，水资源系统恢复力较好，区域内水土资源状态表现为较弱且无压力；前进农场、大兴农场、浓江农场农业水土资源系统恢复力为Ⅰ级，水资源系统恢复力较弱，区域内水土资源状态表现为较弱且需要改善。

2.4　逼近理想解排序评价模型

2.4.1　模型原理

逼近理想解排序（technique for order preference by similarity to ideal solution，TOPSIS）评价模型是由 Hwang 和 Yoon 提出的，它是一种通过计算欧氏距离进行综合评价的方法[6]，由于 TOPSIS 评价模型的计算过程简单易懂且约束条件相对较少，所以该方法应用范围十分广泛，在不同的领域内使用的频率逐渐增高。TOPSIS 评价模型为系统工程中一种常用的决策技术，是多指标对多方案进行比较筛选的分析方法[7]，其计算步骤如下。

（1）确定正、负理想解，即

$$V_j^+ = \left\{ \max v_{ij} \middle| i = 1, 2, \cdots, m; j = 1, 2, \cdots, n \right\} \qquad (2\text{-}6)$$

式中，V_j^+——正理想解；

v_{ij}——各评价指标组成的数据矩阵。

$$V_j^- = \left\{ \min v_{ij} \middle| i = 1, 2, \cdots, m; j = 1, 2, \cdots, n \right\} \qquad (2\text{-}7)$$

式中，V_j^-——负理想解。

（2）计算评价对象到 V_j^+ 和 V_j^- 的欧氏距离 D_i^+ 和 D_i^-：

$$D_i^+ = \sqrt{\sum_{j=1}^n (v_{ij} - V_j^+)^2}, \quad i = 1, 2, \cdots, m; j = 1, 2, \cdots, n \qquad (2\text{-}8)$$

$$D_i^- = \sqrt{\sum_{j=1}^n (v_{ij} - V_j^-)^2}, \quad i = 1, 2, \cdots, m; j = 1, 2, \cdots, n \qquad (2\text{-}9)$$

（3）计算各评价对象与理想解的贴近度值 C_i：

$$C_i = \frac{D_i^-}{D_i^+ + D_i^-} \qquad (2\text{-}10)$$

式中，C_i 在[0,1]之间，越接近 1 表明评价系统状态越好。

2.4.2　实例应用

本节以建三江管理局 15 个农场为例，选取年降水量、人均水资源占有量、水域面积比例、农业水土资源匹配系数、耕地面积比例、建设用地面积比例、水利工程年供水量、土壤质量指数、地均化肥施用总量、地均农药施用量、水土流失面积、人均绿地面积、农作物成灾面积、人口密度、人均耕地面积、教育从业人员比例、粮食作物单位面积产量、人均 GDP、人均纯收入、万元 GDP 能耗、工业经济综合效益指数、本年水利资金总投入、机电井数量、水利人员从业比率、有效灌溉面积率、除涝面积和节水灌溉面积 27 个指标构建评价指标体系，采用 2016 年的农业水土资源数据，运用 TOPSIS 评价模型对其水土资源系统恢复力进行评价，得出评价对象与理想解的贴近度，排序结果见表 2-5。

表 2-5　各农场的贴近度及排序

农场	贴近度	排序	农场	贴近度	排序
八五九	0.4867	6	红卫	0.5245	5
胜利	0.6547	2	前哨	0.5948	3
七星	0.3567	11	前锋	0.4115	8
勤得利	0.6914	1	洪河	0.3840	10
大兴	0.4006	9	鸭绿河	0.5920	4
青龙山	0.4481	7	二道河	0.3560	12
前进	0.3108	13	浓江	0.2436	15
创业	0.2648	14	—	—	—

利用自然断点法并结合实际情况，将所得的贴近度划分为三个等级，0.6～0.8 为Ⅲ级，0.4～0.6 为Ⅱ级，0.2～0.4 为Ⅰ级，等级越高代表恢复力越强（图 2-5）。

由表 2-5 与图 2-5 可知，2016 年建三江管理局所辖农场农业水土资源系统整体恢复力较弱。其中，勤得利农场、胜利农场农业水土资源系统恢复力处于Ⅲ级，表示这两个农场农业水土资源系统恢复力较强，区域内水土资源处于较强而没有压力的状态；前哨农场、鸭绿河农场、红卫农场、八五九农场、青龙山农场、前锋农场、大兴农场农业水土资源系统恢复力处于Ⅱ级，表示以上农场农业水土资源系统恢复力较强，区域内水土资源处于较弱而没有压力的状态；洪河农场、七星农场、二道河农场、前进农场、创业农场、浓江农场农业水土资源系统恢复力处于 I 级，说明农业水土资源系统恢复力较弱，区域内水土资源状况需要改善。

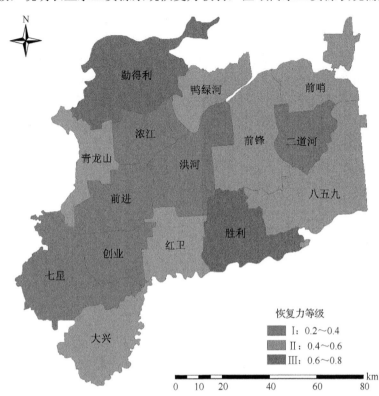

图 2-5　TOPSIS 评价模型下建三江管理局所辖农场水土资源系统恢复力等级分区图（见书后彩图）

2.5　MTS-GRA-TOPSIS 综合评价模型

2.5.1　模型原理

农业水土资源系统恢复力评价问题是一种多准则决策问题。区域农业水土资源系统恢复力评价体系中，不同指标间所存在的线性相关会使得传统 TOPSIS 评价模型中运用的欧氏距离失效。针对该问题，本节采用马氏距离代替欧氏距离，马氏距离能够使不同指标在运算过程中既不会产生信息的丢失，同时又保留了原始指标的准确含义，在消除指标间相关性的同时，又保持了与欧氏距离公式的同构性，是欧氏距离的有效扩展[8]。在进行马氏距离计算时，为避免不同属性指标在评价过程中因所占比重的不同影响评价结果的准确性，可以利用博弈论组合赋权法确定指标权重。而由马氏距离改进的 TOPSIS 评价模型仅能够从距离的角度反映样本贴近度，不能够适应评价指标体系的复杂多元化。为进一步提高结果的准确性,引入灰色关联度分析,灰色关联度分析作为一种衡量序列间曲线形状相似程度的方法[9],能够直观地呈现序列间的非线性关系从而反映系统因素间的亲疏程度,序列曲线在多维空间中越相似,灰色关联度就越大,将灰色关联度这种柔性的曲线对比方法与马氏距离这种直接衡量指标间距离位置远近的刚性方法相结合,能够使多属性指标决策方法更加细腻[10],也能够在保留马氏距离优点的同时,弥补其不足。MTS-GRA-TOPSIS 综合评价模型具体计算步骤如下。

（1）假设有 m 个评价区,每个评价区有 n 个评价指标,建立决策矩阵 $A=(x_{ij})_{m \times n}$,其中 x_{ij} 为 i 区域 j 指标的原始数据。

（2）为消除指标类型与量纲对评价结果的影响,利用极值法规范化处理指标[11],得到处理后的矩阵 Y_{ij}：

$$Y_{ij} = \begin{cases} \dfrac{x_{ij} - \min\limits_{1 \leqslant j \leqslant m} x_{ij}}{\max\limits_{1 \leqslant j \leqslant m} x_{ij} - \min\limits_{1 \leqslant j \leqslant m} x_{ij}}, & j \in J_1 \\ \dfrac{\max\limits_{1 \leqslant j \leqslant m} x_{ij} - x_{ij}}{\max\limits_{1 \leqslant j \leqslant m} x_{ij} - \min\limits_{1 \leqslant j \leqslant m} x_{ij}}, & j \in J_2 \end{cases} \qquad (2\text{-}11)$$

式中,　J_1——效益型指标集;

　　　　J_2——成本型指标集。

（3）确定每个评价指标的正、负理想解。

正理想解 Y^+：

$$Y^+ = \left\{ Y_1^+, Y_2^+, \cdots, Y_n^+ \right\} = \left\{ \max\limits_{1 \leqslant i \leqslant m} Y_{ij} \middle| j \in J_1, \min\limits_{1 \leqslant i \leqslant m} Y_{ij} \middle| j \in J_2 \right\} \qquad (2\text{-}12)$$

负理想解 Y^-：

$$Y^- = \left\{ Y_1^-, Y_2^-, \cdots, Y_n^- \right\} = \left\{ \min\limits_{1 \leqslant i \leqslant m} Y_{ij} \middle| j \in J_1, \max\limits_{1 \leqslant i \leqslant m} Y_{ij} \middle| j \in J_2 \right\} \qquad (2\text{-}13)$$

（4）博弈论组合权重定权[12]。

（5）计算加权后马氏距离 d_i^+ 和 d_i^-,即各评价方案到正、负理想解的距离。

与正理想解的距离 d_i^+：

$$d_i^+ = \left[(Y_{ij} - Y^+)^{\mathrm{T}} w^{\mathrm{T}} \varepsilon^{-1} w (Y_{ij} - Y^+) \right]^{\frac{1}{2}} \qquad (2\text{-}14)$$

与负理想解的距离 d_i^-：

$$d_i^- = \left[(Y_{ij} - Y^-)^{\mathrm{T}} w^{\mathrm{T}} \varepsilon^{-1} w (Y_{ij} - Y^-) \right]^{\frac{1}{2}} \qquad (2\text{-}15)$$

式中,　ε^{-1}——协方差逆矩阵;

　　　　w——博弈论组合权重确定的指标权重。

（6）计算灰色关联度 r_i^+、r_i^-,即各个评价方案与正理想解 Y^+、负理想解 Y^- 在形状变化上的关联度。

$$r_{ij}^+ = \frac{\min_i \min_j \left| V_j^+ - V_{ij} \right| + \rho \max_i \max_j \left| V_j^+ - V_{ij} \right|}{\left| V_j^+ - V_{ij} \right| + \rho \max_i \max_j \left| V_j^+ - V_{ij} \right|}$$ (2-16)

$$r_{ij}^- = \frac{\min_i \min_j \left| V_j^- - V_{ij} \right| + \rho \max_i \max_j \left| V_j^- - V_{ij} \right|}{\left| V_j^- - V_{ij} \right| + \rho \max_i \max_j \left| V_j^- - V_{ij} \right|}$$ (2-17)

式中，ρ——分辨系数，取 0.5；

$V_{ij}=w \times Y_{ij}$, $w=\text{diag}(\omega_1, \omega_2, \cdots, \omega_m)$。

则第 i 个方案和正理想解的灰色关联度为

$$r_i^+ = \frac{1}{n}\sum_{j=1}^{n} r_{ij}^+, \quad i=1,2,\cdots,m$$ (2-18)

同理，第 i 个方案和负理想解的灰色关联度为

$$r_i^- = \frac{1}{n}\sum_{j=1}^{n} r_{ij}^-, \quad i=1,2,\cdots,m$$ (2-19)

（7）无量纲处理马氏距离 d_i^+、d_i^- 及灰色关联度 r_i^+、r_i^-。

$$D_i^+ = \frac{d_i^+}{\max d_i^+}$$ (2-20)

$$D_i^- = \frac{d_i^-}{\max d_i^-}$$ (2-21)

$$R_i^+ = \frac{r_i^+}{\max r_i^+}$$ (2-22)

$$R_i^- = \frac{r_i^-}{\max r_i^-}$$ (2-23)

（8）利用熵权法合并处理马氏距离与灰色关联度。

由定义可知，D_i^- 和 R_i^+ 数值越大，表示评价方案离理想解越近；而 D_i^+ 和 R_i^- 数值越大，则表示评价方案离理想解越远，利用熵权法求得的单一评价模型权重系数，得到合并公式：

$$H_i^+ = \alpha_1 D_i^- + \beta_1 R_i^+, \quad i=1,2,\cdots,m$$ (2-24)

$$H_i^- = \alpha_2 D_i^+ + \beta_2 R_i^-, \quad i=1,2,\cdots,m$$ (2-25)

式中，α_1、β_1、α_2、β_2 由熵权法确定，且 $\alpha_1+\beta_1=1$，$\alpha_2+\beta_2=1$。H_i^+ 反映了各评价对象与理想解的接近度，H_i^- 反映了各评价对象与理想解的远离度。

（9）各个评价地区的贴近度

$$C_i = \frac{H_i^+}{H_i^+ + H_i^-}, \quad i=1,2,\cdots,m$$ (2-26)

基于马氏距离与灰色关联度所形成的新的贴近度，反映位置和形状相似程度差异性，其贴近度越大，表示评价对象越优，反之，则越劣。

2.5.2　实例应用

本节运用 MTS-GRA-TOPSIS 综合评价模型对 2001～2016 年建三江管理局所辖农场农业水土资源系统恢复力进行计算，选取年降水量、人均水资源占有量、水域面积比例、农业水土资源匹配系数、耕地面积比例、建设用地面积比例、水利工程年供水量、土壤质量指数、地均化肥施用总量、地均农药施用量、水土流失面积、人均绿地面积、农作物成灾面积、人口密度、人均耕地面积、教育从业人员比例、粮食作物单位面积产量、人均 GDP、人均纯收入、万元 GDP 能耗、工业经济综合效益指数、本年水利资金总投入、机电井数量、水利人员从业比率、有效灌溉面积率、除涝面积和节水灌溉面积 27 个指标构建评价指标体系，得出评价对象与理想解的贴近度，利用自然断点法并结合贴近度的实际情况，将农业水土资源系统恢复力划分为三个等级，0.3～0.4 为Ⅰ级，表示区域农业水土资源系统稳定性较差，受到影响后较不容易恢复到平衡状态；0.4～0.5 为Ⅱ级，表示区域农业水土资源系统稳定性一般，受到影响后能够恢复到平衡状态；0.5～0.6 为Ⅲ级，表示区域农业水土资源系统相对稳定，受到影响后容易恢复到平衡状态，计算结果如表 2-6 所示。

表 2-6　2001～2016 年农业水土资源系统恢复力贴近度及排序

年份	贴近度	排序	年份	贴近度	排序
2001	0.4412	11	2009	0.4836	6
2002	0.4210	12	2010	0.4683	9
2003	0.4034	14	2011	0.4790	7
2004	0.4764	8	2012	0.5443	3
2005	0.4114	13	2013	0.5441	4
2006	0.3988	16	2014	0.4945	5
2007	0.3994	15	2015	0.5723	2
2008	0.4423	10	2016	0.5996	1

将求得的 2001～2016 年建三江管理局所辖农场马氏距离与灰色关联度结合所得的贴近度，依据贴近度从小到大的顺序进行排序，如图 2-6 所示，并对图中的贴近度进行线性拟合，拟合决定系数 R^2 达到 0.9457（$P<0.001$），验证了模型所得评价值分布合理。

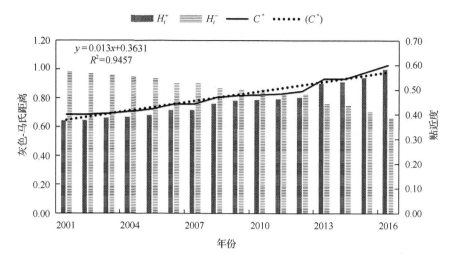

图 2-6　2001～2016 年建三江管理局所辖农场灰色-马氏距离与贴近度

H_i^+ 反映了各评价对象与理想解的接近度；H_i^- 反映了各评价对象与理想解的远离度；
C^* 为农业水土资源系统恢复力贴近度；(C^*) 为对贴近度进行线性拟合

从图 2-7 可以看出，2001～2016 年建三江管理局所辖农场农业水土资源系统恢复力呈逐步上升趋势，其中比较突出的年份有 2004 年，较周围年份有较为突出好转的特点，从 2005 年开始，水土资源系统恢复力又开始降低，直到 2007 年开始好转，之后的 7 年时间，水土资源系统恢复力趋于稳定上升趋势，2014 年又大幅下降，之后增长。总体来说，建三江管理局所辖农场农业水土资源系统恢复力较为稳定，除 2004 年与 2014 年有较为明显的变化外，基本趋于正常稳定的增长。

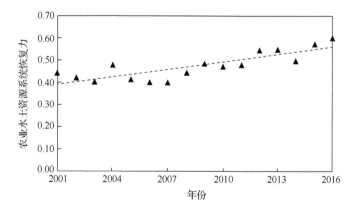

图 2-7　2001～2016 年建三江管理局所辖农场农业水土资源系统恢复力演变趋势

　　为方便观察 2001～2016 年建三江管理局所辖农场农业水土资源系统变化的主要原因,选取每个维度中权重比重数量较大的两项指标进行分析,其中自然维指标有人均水资源占有量、农业水土资源匹配系数;生态维指标有土壤质量指数、地均化肥施用总量;社会维指标有人口密度、人均耕地面积;经济维指标有人均GDP、本年水利资金总投入;技术维指标有有效灌溉面积率、节水灌溉面积,并绘制出 2001～2016 年这些指标的发展走向,如图 2-8～图 2-12 所示。

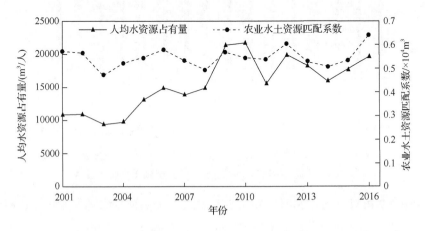

图 2-8　2001～2016 年人均水资源占有量与农业水土资源匹配系数变化趋势

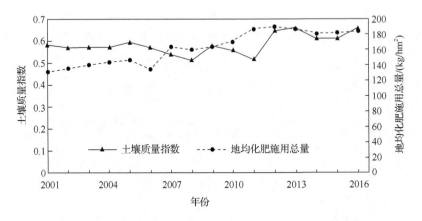

图 2-9　2001～2016 年土壤质量指数与地均化肥施用总量变化趋势

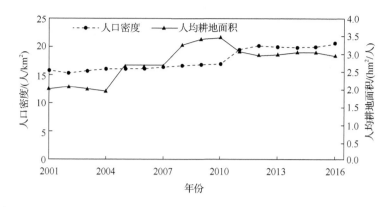

图 2-10　2001～2016 年人口密度与人均耕地面积变化趋势

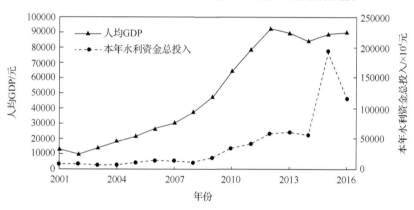

图 2-11　2001～2016 年人均 GDP 与本年水利资金总投入变化趋势

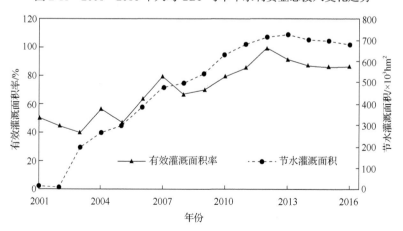

图 2-12　2001～2016 年有效灌溉面积率与节水灌溉面积变化趋势

观察 2004 年农业水土资源系统指标数据可以发现，与 2003 年相比，虽然耕地面积没有大幅度增加，但粮食作物单位面积产量、有效灌溉面积率、节水灌溉面积都有较为明显的上升趋势，且农作物成灾面积大幅度减少，说明从 2004 年开始相关部门十分重视粮食单产以及用水效率，提倡资源利用最小化、产量及利益的最大化。在经济发展方面，人均 GDP 与人均纯收入较 2003 年均有较大幅度增长。

2.6　可变模糊评价模型

2.6.1　模型原理

模糊集理论是由 Zadeh[13]于 1965 年提出的，可以将隶属度函数进行有效的应用，但是模糊集合理论是个静态下的概念，难以描述客观上模糊现象存在的动态变化。因此，采用陈守煜教授最早提出的可变模糊评价模型作为区域农业水资源系统恢复力测度分析方法[14]，该理论方法内容的丰富性较强，我们仅对相对隶属度、相对差异函数及可变模糊评价模型等作简要说明。

赋予 A 为论域 U 上的一个模糊现象，论域 U 包含任意元素 u，且 $u \in U$。设 $\hat{A}$ 表示与 A 的相互吸引属性，其隶属度为 $\mu\hat{A}(u)$，$\breve{A}^C$ 表示与 A 的相互排斥属性，其隶属度为 $\mu\breve{A}^C(u)$。其中，$\mu\hat{A}(u) \in [0,1]$，$\mu\breve{A}^C(u) \in [0,1]$，且 $\mu\hat{A}(u) + \mu\breve{A}^C(u) = 1$。

设论域 U 的可变模糊集合为 M，则

$$M = \left\{ (u,C) \middle| u \in U, C_A(u) = \mu\hat{A}(u) - \mu\breve{A}^C(u), C \in [-1,1] \right\} \tag{2-27}$$

$$\overline{A} = \left\{ u \middle| u \in U, \mu\hat{A}(u) > \mu\breve{A}^C(u) \right\} \tag{2-28}$$

$$\overline{\overline{A}} = \left\{ u \middle| u \in U, \mu\hat{A}(u) < \mu\breve{A}^C(u) \right\} \tag{2-29}$$

$$\tilde{A} = \left\{ u \middle| u \in U, \mu\hat{A}(u) = \mu\breve{A}^C(u) \right\} \tag{2-30}$$

$$\mu\hat{A}(u) = \frac{1 + C_A(u)}{2} \tag{2-31}$$

式中，$C_A(u)$——相对差异函数；

　　$\overline{A}$——吸引域；

　　$\overline{\overline{A}}$——排斥域；

　　$\tilde{A}$——平衡或质变界；

　　$\mu\hat{A}(u)$——相对隶属度。

恢复力等级变化差异可采用相对优属度 r_{ij} 代替相对隶属度 $\mu\hat{A}(u)$。

可变模糊评价模型建模过程如下。

设需要识别方案数量为 m，评价指标个数为 n，R 为评价指标初使特征值矩阵，R_{ij} 为方案 j 评价指标 i 的特征值（ $j=1,2,\cdots,m$ ； $i=1,2,\cdots,n$ ），r_{ij} 是相对优属度，即评价指标的特征数值进行标准化处理后的数值。评价指标为正、负相关指标，正相关指标是指标数据越大越优，负相关指标是指标数据越小越优。指标标准化公式如下：

$$r_{ij} = \frac{R_{ij}}{\max R_{ij}}，R_{ij} 属于正相关指标 \tag{2-32}$$

式中，$\max R_{ij}$——方案 j 中评价指标 i 的最大特征数值。

$$r_{ij} = \frac{\min R_{ij}}{R_{ij}}，R_{ij} 属于负相关指标 \tag{2-33}$$

式中，$\min R_{ij}$——方案 j 中评价指标 i 的最小特征数值。

对评价指标 R_{ij} 进行标准化后，得到方案 j 评价指标 i 的相对优属度 r_{ij}，组成特征数值矩阵 X：

$$X = \left(r_{ij}\right) = \begin{bmatrix} r_{11} & r_{12} & \cdots & r_{1m} \\ r_{21} & r_{22} & \cdots & r_{2m} \\ \vdots & \vdots & & \vdots \\ r_{n1} & r_{n2} & \cdots & r_{nm} \end{bmatrix} \tag{2-34}$$

n 个评价指标的权重各不相同，可采用组合赋权法对各个评价指标进行赋权，由此得到农业水资源系统恢复力的评价模型表达式如下：

$$G_j = \left\{ 1 + \left\{ \frac{\sum\limits_{i=1}^{m}\left[\omega_i\left(1-r_{ij}\right)\right]^p}{\sum\limits_{i=1}^{m}\left(\omega_i r_{ij}\right)^p} \right\}^{\frac{\alpha}{p}} \right\}^{-1} \tag{2-35}$$

式中，G_j——方案 j 的隶属度，G_j 值越大说明其恢复力越优；

ω_i——评价指标的权重；

α——优化准则参数，$\alpha=1$、$\alpha=2$ 分别是最小一乘方、二乘方准则；

p——距离参数，$p=1$、$p=2$ 分别是海明距离、欧氏距离。

考虑 α、p 的不同搭配，由此构成四种组合：$\alpha=1$，$p=1$；$\alpha=1$，$p=2$；$\alpha=2$，$p=1$；$\alpha=2$，$p=2$。

2.6.2 实例应用

本节以建三江管理局 15 个农场农业水资源系统作为研究区域，通过指标筛选原则，选取人均水资源量、地下水环境质量指数、年降水量、气温、水利资金投入增长率、人均绿地面积、农药施用强度、森林覆盖率、单位耕地面积水资源量、有效灌溉面积率、节灌率、耕地率、农业供水单方产值、人口自然增长率、第一产业从业人员比重、万人拥有水利专业人员和人均 GDP 等 17 个指标构建了农业水资源系统恢复力指标评价体系。

通过可变模糊评价模型计算农业水资源系统恢复力测度值，对应模型中优化准则参数 α 和距离参数 p 分别存在两种取值方法，即：$\alpha=1$ 或 2；$p=1$ 或 2。根据 α、p 的不同取值，有四种不同组合，分别是 $\alpha=1$、$p=1$（方案 1），$\alpha=1$、$p=2$（方案 2），$\alpha=2$、$p=1$（方案 3）和 $\alpha=2$、$p=2$（方案 4），评价结果如表 2-7 所示。

表 2-7　可变模糊评价模型对各农场农业水资源系统恢复力测度结果

农场	排序	G	G_1	G_2	G_3	G_4
八五九	4	1.6833	1.7543	1.8270	1.4678	1.6839
胜利	7	1.5348	1.6424	1.7173	1.2648	1.5146
七星	11	1.4014	1.4803	1.6115	1.1398	1.3739
勤得利	6	1.5630	1.6372	1.7466	1.3107	1.5574
大兴	15	1.3102	1.4062	1.5088	1.0670	1.2589
青龙山	12	1.3865	1.4923	1.5881	1.1196	1.3458
前进	14	1.3153	1.4243	1.5096	1.0675	1.2597
创业	13	1.3418	1.4085	1.5553	1.0951	1.3083
红卫	10	1.4071	1.5096	1.6094	1.1379	1.3714
前哨	3	1.8058	1.8547	1.9004	1.6574	1.8108
前锋	5	1.6153	1.6776	1.7856	1.3809	1.6172
洪河	1	1.9955	2.0093	1.9961	1.9844	1.9922
鸭绿河	9	1.5071	1.6284	1.6920	1.2293	1.4789
二道河	2	1.8137	1.8297	1.9102	1.6864	1.8285
浓江	8	1.5332	1.6037	1.7256	1.2771	1.5264

注：G_j 是方案 j 的隶属度，即农业水资源系统恢复力测度值；G 表示隶属度的平均值

从表 2-7 的结果中可以看出，取四种不同的优化准则参数 α 和距离参数 p 所得结果有所差异，其中当优化准则参数 $\alpha=1$ 和距离参数 $p=2$ 时，各农场计算模拟

结果普遍都偏大。当优化准则参数 $\alpha=2$ 和距离参数 $p=1$ 时，计算模拟结果普遍都偏小。因此，取四种不同参数测度值的平均数为最终计算结果，可以看出，洪河农场模拟值最大，为 1.9955，说明该农场的水资源系统恢复力最强，二道河农场次之，为 1.8137，模拟值最小的为大兴农场，模拟值为 1.3102，与其模拟值十分相近的农场为前进农场，模拟值为 1.3153，说明两农场的水资源系统恢复力最弱，需要格外注意。

鉴于农业水资源系统恢复力指标等级划分没有统一的国际标准作为依据，参考前人研究和评估并考虑当地实际情况[15]，运用基于各个等级差异性最大原则的 ArcGIS 自然断点法[16]对评价指标体系进行合理划分，见表 2-8。

表2-8　基于可变模糊评价模型隶属度的农业水资源系统恢复力等级划分

	恢复力等级			
	I	II	III	IV
恢复力测度值	[1.1152,1.3785]	(1.3785,1.5078]	(1.5078,1.8513]	(1.8513,2.0346]

农业水资源系统稳定程度从低到高分别为：I级——区域水资源系统具有很强的脆弱性，一旦遭受外界破坏，系统自身很难通过自我调控恢复平衡；II级——区域水资源系统稳定程度相对较差，遭受外界影响后，系统自身可以恢复平衡，但是所需时间较长、速度较慢；III级——区域水资源系统有一定的稳定性，遭受外界影响后，系统通过自我调节，其恢复平衡的速度快；IV级——区域水资源系统非常稳定，受到影响后能快速恢复平衡。

参照上述等级划分和恢复力测度结果 G 值大小，将各个农场的农业水资源系统恢复力进行划分，结果如表 2-9 所示。

表 2-9　各农场农业水资源系统恢复力等级

农场	恢复力等级	农场	恢复力等级
八五九	III	红卫	II
胜利	III	前哨	III
七星	II	前锋	III
勤得利	III	洪河	IV
大兴	I	鸭绿河	II
青龙山	II	二道河	III
前进	I	浓江	III
创业	I	——	——

为了更加直观地看出该区域系统恢复力的空间分布特征，运用 ArcGIS 软件，绘制农业水资源系统恢复力空间分布图，如图 2-13 所示。

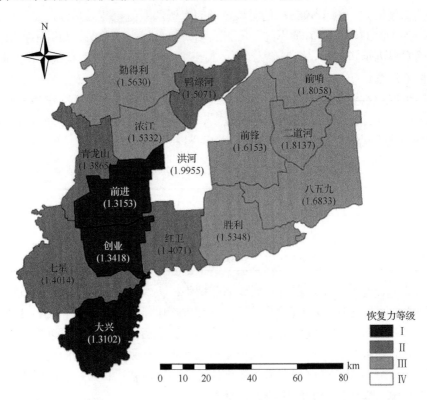

图 2-13　2015 年建三江管理局各农场农业水资源系统恢复力空间分布图

从表 2-9 和图 2-13 可以看出，2015 年建三江管理局所辖农场水资源系统恢复力整体处于Ⅱ级。区域内洪河农场水资源系统恢复力处于Ⅳ级，是水资源系统恢复力最强的农场，说明区域内水资源系统非常稳定，受到影响后能快速恢复平衡；八五九农场、胜利农场、勤得利农场、前哨农场、前锋农场、二道河农场及浓江农场水资源系统恢复力等级处于Ⅲ级，区域水资源系统稳定，受到外界影响后恢复平衡速度快；七星农场、青龙山农场、红卫农场和鸭绿河农场的农业水资源系统恢复力等级处于Ⅱ级，区域水资源系统稳定性较差，受到外界影响后能恢复平衡，但是恢复所需时间较长，恢复速度慢；恢复力等级为Ⅰ级的包括大兴农场、前进农场及创业农场，水资源系统十分脆弱，一旦受到破坏将难以恢复平衡，需花费大量时间、人力和物力等帮助其恢复平衡，损失极大。综上可知，区域农业水资源系统当前状态急需改善和保护。

2.7　基于海明贴近度的模糊物元评价模型

2.7.1　模型原理

对于某特定事件 N，x 是其某一特性 c 的值，用 $R=(N,c,x)$ 来表示此事件的基本要素，又称作该事件的物元。则 N,c,x 是该事件物元的三项基本元素。如果 v 的属性是模糊的，R 则称为模糊元。当事件 N 包含 n 个特性 $c_1,c_2,\cdots,c_n$ 并且其对应的模糊特性值为 $x_1,x_2,\cdots,x_n$，则 $R=(N,c,x)$ 是 n 维模糊物元。R_{mn} 为 m 项事件的 n 个模糊特征的复合物元，其构成的矩阵如下[17]：

$$R_{mn}=\begin{bmatrix} X_{11} & X_{21} & \cdots & X_{m1} \\ X_{12} & X_{22} & \cdots & X_{m2} \\ \vdots & \vdots & & \vdots \\ X_{1n} & X_{2n} & \cdots & X_{mn} \end{bmatrix} \tag{2-36}$$

式中，X_{mn} ——第 m 个事件的第 n 个特性相对的物元模糊量值。

从优隶属度就是被评价的指标值与对相应标准指标值的从属程度，从优隶属度数值基本为正。因为不同评价指标特性值具有不同属性，有些评价指标属于正向指标，有些则属于逆向指标，因此可以按照各农业水资源系统恢复力评价指标的特性对从优隶属度进行计算：

正向指标，越大越优：

$$u_{ik}=X_{ik}/\max X_{ik} \tag{2-37}$$

逆向指标，越小越优：

$$u_{ik}=\min X_{ik}/X_{ik} \tag{2-38}$$

式中，$\max X_{ik}$、$\min X_{ik}$ ——每个事件中各指标特性量值中的最大量值、最小量值；

u_{ik} ——评价指标的从优隶属度。

因此，从优隶属度模糊物元矩阵可表示为

$$\underline{R}_{mn}=\begin{bmatrix} \mu_{11} & \mu_{21} & \cdots & \mu_{m1} \\ \mu_{12} & \mu_{22} & \cdots & \mu_{m2} \\ \vdots & \vdots & & \vdots \\ \mu_{1n} & \mu_{2n} & \cdots & \mu_{mn} \end{bmatrix} \tag{2-39}$$

采用一种客观权重赋权法[18]计算评价指标权重 $W = (\omega_1, \omega_2, \cdots, \omega_n)$，且满足 $\sum_{i=1}^{n} \omega_i = 1$。

贴近度的内涵是被评价事件与标准事件之间相近度的大小，当贴近度越大代表评价样本和标准样本越接近。因为农业水资源系统恢复力的评价属于综合评价，在此采用 $M(\bullet, +)$ 贴近度求解算法，同时采用海明贴近度作为评价标准[19]，其具体算法如下：

$$\rho H_j = 1 - \sum_{i=1}^{n} \omega_i \mid \mu_{ij} - \mu_{0j} \mid \qquad (2\text{-}40)$$

式中，ρH_j——海明贴近度；

μ_{ij}——被优选方案的从优隶属度；

μ_{0j}——理想方案的从优隶属度。

计算海明贴近度复合模糊物元 $R_{\rho H}$：

$$R_{\rho H} = \begin{bmatrix} \rho H_1 & \rho H_2 & \cdots & \rho H_m \end{bmatrix} \qquad (2\text{-}41)$$

根据计算得到的贴近度，可以对各事件的好坏程度进行比较并可由此进行等级划分。

2.7.2 实例应用

本节以红兴隆管理局 12 个农场为研究区域，经过定性与定量筛选，选取水域面积比率 x_1、年人均耗水量 x_2、单位耕地面积农药使用量 x_3、农业用水定额 x_4、农业用水量比重 x_5、水土流失率 x_6、森林覆盖率 x_7、易涝面积比 x_8、人均纯收入 x_9、人口密度 x_{10} 和 GDP 增长率 x_{11} 11 个指标组成了农业水资源系统恢复力评价指标体系，如表 2-10 所示。红兴隆管理局各农场的评价指标数值分级标准值见表 2-11。

表 2-10 红兴隆管理局各农场的评价指标体系

农场	x_1/%	x_2/ (×10^4m^3/人)	x_3/ (kg/hm^2)	x_4/ (m^3/万元)	x_5/%	x_6/%	x_7/%	x_8/%	x_9/ (元/人)	x_{10}/ (人/km^2)	x_{11}/%
友谊	3.38	0.33	5.83	990.42	99.32	8.26	10.11	46.16	16004	54.34	37.38
五九七	5.49	0.38	5.02	723.02	99.22	1.69	7.00	49.18	15722	30.79	34.62
八五二	7.94	0.17	6.48	260.98	98.38	16.47	20.59	78.81	22617	35.87	35.16
八五三	14.84	0.67	5.76	944.27	99.37	1.03	21.05	68.41	21264	27.13	36.68
饶河	4.37	0.87	8.75	943.03	99.71	7.15	29.43	34.90	22444	18.49	33.40

续表

农场	x_1/%	x_2/ (×10⁴m³/人)	x_3/ (kg/hm²)	x_4/ (m³/万元)	x_5/%	x_6/%	x_7/%	x_8/%	x_9/ (元/人)	x_{10}/ (人/km²)	x_{11}/%
二九一	9.10	0.67	2.69	969.09	99.37	2.49	7.36	75.70	24769	32.30	33.10
双鸭山	2.10	0.05	4.07	107.19	90.03	27.86	27.23	47.02	13830	45.23	36.43
江川	1.81	1.19	3.57	1638.76	99.52	4.49	6.63	37.70	23866	35.67	35.51
曙光	0.44	0.24	7.03	369.23	98.66	42.93	13.84	80.24	15740	71.33	37.79
北兴	2.08	0.08	4.29	129.21	97.07	22.99	41.18	72.87	19100	25.85	34.25
红旗岭	7.40	1.05	6.12	1161.61	99.62	5.35	21.99	97.98	27028	25.41	32.73
宝山	0.10	0.64	6.83	1441.86	99.76	0.00	7.00	51.34	19604	60.61	31.11

表 2-11　红兴隆管理局各农场的评价指标数值分级标准值

等级	x_1/%	x_2/ (×10⁴m³/人)	x_3/ (kg/hm²)	x_4/ (m³/万元)	x_5/%	x_6/%	x_7/%	x_8/%	x_9/ (元/人)	x_{10}/ (人/km²)	x_{11}/%
I	>12	<0.3	<3	<800	<92	<9	>25	<20	>2.5	<25	>35
II	9~12	0.3~0.6	3~5	800~1600	92~94	9~18	20~25	20~40	2~2.5	25~40	30~35
III	6~9	0.6~0.9	5~7	1600~2400	94~96	18~27	15~20	40~60	1.5~2	40~60	25~30
IV	3~6	0.9~1.2	7~9	2400~3200	96~98	27~36	10~15	60~80	1~1.5	60~80	20~25
V	<3	>1.2	>9	>3200	>98	>36	<10	>80	<1	>80	<20

根据评价指标数值构建从优隶属度模糊物元矩阵为

$$R_{mn} = \begin{bmatrix} 0.061 & 0.097 & 0.042 & 0.094 & 0.0079 & 0.0869 & 0.072 & 0.054 & 0.038 & 0.051 & 0.0003 \\ 0.050 & 0.099 & 0.036 & 0.089 & 0.0079 & 0.0828 & 0.079 & 0.057 & 0.039 & 0.031 & 0.0021 \\ 0.037 & 0.082 & 0.046 & 0.062 & 0.0072 & 0.0875 & 0.048 & 0.072 & 0.015 & 0.037 & 0.0017 \\ 0 & 0.105 & 0.042 & 0.093 & 0.0080 & 0.0795 & 0.027 & 0.068 & 0.020 & 0.025 & 0.0007 \\ 0.056 & 0.107 & 0.054 & 0.093 & 0.0083 & 0.0868 & 0.027 & 0.041 & 0.016 & 0 & 0.0029 \\ 0.031 & 0.105 & 0 & 0.093 & 0.0080 & 0.0845 & 0.078 & 0.071 & 0.008 & 0.033 & 0.0031 \\ 0.068 & 0 & 0.054 & 0 & 0 & 0.0877 & 0.032 & 0.055 & 0.046 & 0.046 & 0.0009 \\ 0.069 & 0.108 & 0.019 & 0.098 & 0.0081 & 0.0860 & 0.080 & 0.045 & 0.011 & 0.037 & 0.0015 \\ 0.077 & 0.091 & 0.048 & 0.075 & 0.0074 & 0.0878 & 0.063 & 0.072 & 0.039 & 0.057 & 0 \\ 0.068 & 0.040 & 0.029 & 0.018 & 0.0062 & 0.0876 & 0 & 0.070 & 0.028 & 0.022 & 0.0023 \\ 0.040 & 0.108 & 0.044 & 0.095 & 0.0080 & 0.0864 & 0.044 & 0.076 & 0 & 0.021 & 0.0033 \\ 0.078 & 0.104 & 0.047 & 0.097 & 0.0083 & 0 & 0.079 & 0.059 & 0.026 & 0.054 & 0.0044 \end{bmatrix}$$

根据农业水资源系统恢复力的 5 个分级标准构建从优隶属度模糊物元矩阵为

$$R_{mn} = \begin{bmatrix} 0.015 & 0.095 & 0.008 & 0.091 & 0.08417 & 0.0870 & 0.037 & 0 & 0.007 & 0.020 & 0.0066 \\ 0.023 & 0.101 & 0.025 & 0.096 & 0.08418 & 0.0873 & 0.043 & 0.032 & 0.016 & 0.033 & 0.0126 \\ 0.039 & 0.106 & 0.043 & 0.099 & 0.08419 & 0.0876 & 0.055 & 0.058 & 0.033 & 0.049 & 0.0245 \\ 0.055 & 0.108 & 0.052 & 0.101 & 0.08421 & 0.0877 & 0.066 & 0.069 & 0.051 & 0.057 & 0.0364 \\ 0.063 & 0.109 & 0.055 & 0.102 & 0.08422 & 0.0878 & 0.072 & 0.072 & 0.059 & 0.059 & 0.0424 \end{bmatrix}$$

计算各评价指标权重为 ω=（0.079,0.113,0.078,0.105,0.085,0.088,0.095,0.096,0.094,0.077,0.090）。

计算各农场的海明贴近度复合模糊物元：

$$R_{\rho H} = \begin{bmatrix} 0.396 & 0.427 & 0.506 & 0.533 & 0.509 & 0.486 & 0.611 & 0.436 & 0.383 & 0.630 & 0.474 & 0.443 \end{bmatrix}$$

计算农业水资源系统恢复力的 5 个分级标准的海明贴近度复合模糊物元为

$$R_{\rho H} = \begin{bmatrix} 0.631 & 0.528 & 0.402 & 0.312 & 0.273 \end{bmatrix}$$

由海明贴近度计算结果对红兴隆管理局所辖农场农业水资源系统恢复力按等级划分如下：双鸭山农场、北兴农场、八五三农场的农业水资源系统恢复力为Ⅱ级；五九七农场、八五二农场、饶河农场、二九一农场、江川农场、红旗岭农场、宝山农场的农业水资源系统恢复力为Ⅲ级；曙光农场和友谊农场的农业水资源系统恢复力的等级为Ⅳ级。由计算得到的海明贴近度的数值对红兴隆管理局的 12 个农场的农业水资源系统恢复力由小到大排序依次是：曙光＜友谊＜五九七＜江川＜宝山＜红旗岭＜二九一＜八五二＜饶河＜八五三＜双鸭山＜北兴。

根据评价结果对红兴隆管理局农业水资源系统恢复力进行分区，见图2-14。

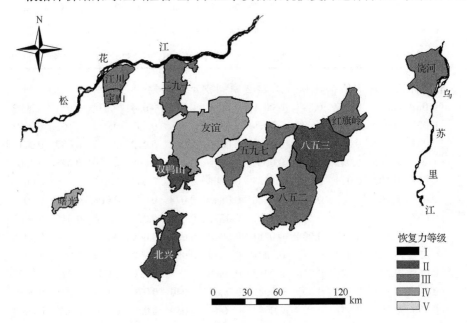

图 2-14　红兴隆管理局所辖农场农业水资源系统恢复力空间分布图

结合红兴隆管理局 12 个农场的实际情况可以看出,双鸭山农场的农业用水定额、农业用水量比重及年人均耗水量均很小,说明双鸭山农场的水资源利用效率高,但人均纯收入少,经济发展状况较差;八五三农场的水域面积比率大,水土流失率相对较小,说明八五三农场水资源自然状况最好,但农业用水定额较大,农业水资源利用效率低;北兴农场森林覆盖率最大,生态环境最好,但其他指标状况并不突出,这三个农场的农业水资源系统恢复力较强,等级为Ⅱ级。

2.8　投影寻踪评价模型

投影寻踪(projection pursuit,PP)评价模型出现在 20 世纪 60 年代末 70 年代初[20],可实现高维数据降维操作,并在低维空间内对数据进行统一评价,不受限于问题规模和数据结构[21]。投影寻踪评价模型的关键在于最佳投影方向和投影值的计算,最佳投影方向在一定程度上可以代表评价指标的权重,而投影值则为最终评价结果。投影寻踪评价模型建模步骤如下[19]。

(1)数据预处理。

假设有 n 个样本需要被评价,每个待评价样本都包含 m 个评价指标,则所有样本指标数据组成样本矩阵 X:

$$X = \begin{bmatrix} x_{11} & x_{12} & \cdots & x_{1m} \\ x_{21} & x_{22} & \cdots & x_{2m} \\ \vdots & \vdots & & \vdots \\ x_{n1} & x_{n2} & \cdots & x_{nm} \end{bmatrix} \qquad (2\text{-}42)$$

由于不同评价指标存在不同的量纲,因此需要提前对评价指标进行标准化处理,以便消除量纲对评价结果的影响。

越大越优型评价指标处理公式为

$$x(i,j) = \frac{x^*(i,j) - x_{\min}(i,j)}{x_{\max}(i,j) - x_{\min}(i,j)} \qquad (2\text{-}43)$$

越小越优型评价指标处理公式为

$$x(i,j) = \frac{x_{\min}(i,j) - x^*(i,j)}{x_{\max}(i,j) - x_{\min}(i,j)} \qquad (2\text{-}44)$$

式中, $x^*(i,j)$ ——第 i 个样本的第 j 个评价指标数据;

$x_{\max}(i,j)$ ——第 j 个评价指标的最大值;

$x_{\min}(i,j)$ ——第 j 个评价指标的最小值;

$x(i,j)$ ——第 i 个样本的第 j 个评价指标标准化处理后的数据。

（2）构造投影指标函数。

在投影寻踪建模过程中，需要确定每个评价指标的投影方向，根据投影方向才能确定每个样本的投影值：

$$Z(i) = \sum_{j=1}^{m} a(j)x(i,j) , \quad i=1,2,3,\cdots,n \qquad (2\text{-}45)$$

式中，$a(j)$——第 j 个评价指标的投影方向；

$Z(i)$——第 i 个样本的投影值，也是最终评价结果。

在计算投影值的过程中，对投影值 $Z(i)$ 也有一定的要求，即局部投影点要最大限度地保持密集，最佳状态是所有局部投影点都聚成若干点团，且点团之间要最大限度地保持发散。因此，投影指标函数也可以表达为

$$Q(a) = S_z D_z \qquad (2\text{-}46)$$

式中，$Q(a)$——投影指标函数；

S_z——投影值 $Z(i)$ 的标准差；

D_z——投影值的局部密度。

$$S_z = \sqrt{\frac{\sum_{i=1}^{n}(Z(i)-E(z))^2}{n-1}} \qquad (2\text{-}47)$$

$$D_z = \sum_{i=1}^{n}\sum_{j=1}^{n}(R-r(i,j))\,u(R-r(i,j)) \qquad (2\text{-}48)$$

式中，$E(z)$——投影值的平均值；

R——局部密度的窗口半径；

$r(i,j)$——第 i 个样本与第 j 个样本的距离，即 $r(i,j)=\left|Z(i)-Z(j)\right|$；

$u(R-r(i,j))$——单位阶跃函数，若 $R \geqslant r(i,j)$，函数值为 1，否则为 0。

（3）优化投影指标函数。

不同的投影方向会得到不同的投影值，导致不同的评价结果，因此，为了得到最真实可靠的评价结果，需要确定最佳投影方向。通过投影指标函数最大化就可得到最佳投影方向。

设最大化目标函数为

$$\max Q(a) = S_z D_z \qquad (2\text{-}49)$$

设约束条件为

$$\sum_{j=1}^{m} a^2(j) = 1 \qquad (2\text{-}50)$$

由于样本数据结构的复杂性和非线性问题，传统方法并不能很好地解决投影函数最大化问题，因此可以采用先进智能优化算法来解决全局最优问题。

（4）样本评价。

结合最佳投影方向和标准化后的样本数据，可得到各样本的投影值，样本的投影值越大，评价结果越好。

2.8.1　加速遗传算法

加速遗传算法是优化算法的一种，该算法采用二进制编码，编码过程烦琐，且计算精度受字符串长度的限制[22-23]，为了克服加速遗传算法的缺点，采用基于实数编码的加速遗传算法（real-coded accelerate genetic algorithm，RAGA），其建模过程[24]如下。

不失一般性，优化问题多为最小化问题：

$$\begin{cases} \min f(x) \\ a(j) \leqslant x(j) \leqslant b(j), \ j=1,2,\cdots,p \end{cases} \tag{2-51}$$

式中，$x(j)$——第 j 个优化变量；$[a(j), b(j)]$ 为 $x(j)$ 的变化区间；

p——优化变量的数目；

f——目标函数（为便于定义后面的适应度函数，假设其值为非负）。

（1）实数编码。

$$x(j) = a(j) + y(j)\big(b(j) - a(j)\big), \ j=1,2,\cdots,p \tag{2-52}$$

（2）父代群体初始化。

设 n 为群体规模，随机在[0,1]之间产生 n 组数(随机数)，每一组含有 p 个，即 $\{u(j,i)\}(j=1,2,\cdots,p;i=1,2,\cdots,n$，下同)，把各 $u(j,i)$ 作为初始父代个体 $y(j,i)$。通过 $y(j,i)$ 得到优化值 $x(j,i)$ 和对应的目标函数 $f(i)$。把 $\{f(i)\}(i=1,2,\cdots,n)$ 以从小到大规律进行排序，$\{y(j,i)\}$ 随着 $\{f(i)\}$ 的排序而排序，将排序后的前面几个个体称为优秀个体。

（3）父代群体的适应度评价。

$f(i)$ 值越小代表个体适应度越高，反之则越低。定义适应度函数 $F(i)$ 为

$$F(i) = \frac{1}{f(i) \times f(j) + 0.001} \tag{2-53}$$

式中，分母中 0.001 是经验设置的，以避免 $f(i)$ 为 0 的情况。

（4）选择操作。

按照比例选择方式计算父代个体 $y(j,i)$ 选择概率 $ps(i)$ 为

$$ps(i) = \frac{F(i)}{\sum\limits_{i=1}^{n} F(i)} \tag{2-54}$$

令 $p(i) = \sum\limits_{k=1}^{i} ps(k)$ 序列 $\{p(i)| i=1,2,\cdots,n\}$ 把[0,1]分成 n 个子区间：$[0, p(1)]$，

$(p(1),p(2)],\cdots,(p(n-1),p(n)]$，并与$\{y(j,i)\}$建立相关的关系。随机生成 $n-5$ 个数 $\{u(k)|k=1,2,\cdots,n-5\}$，若 $u(k)$ 在 $(p(i-1),p(i)]$ 中，则 $y_1(j,k)=y(j,i)$。这样以 $ps(i)$ 共选择 $n-5$ 个个体。为增强加速遗传算法全局优化搜索能力进行移民操作，产生第 1 个子代群体 $\{y_1(j,i)|j=1,2,\cdots,p,\ i=1,2,\cdots,n\}$，即 $y_1(j,n-5+i)=y(j,i)$，$i=1,2,\cdots,5$。

（5）杂交操作。

为保持群体多样性，随机选择一对 $y(j,i_1)$ 和 $y(j,i_2)$ 作为双亲，并按照下式进行组合，产生第 2 个子代群体 $\{y_2(j,i)|j=1,2,\cdots,p,\ i=1,2,\cdots,n\}$：

$$\begin{cases} y_2(j,i)=u_1 y(j,i_1)+(1-u_1)y(j,i_2),\ u_3<0.5 \\ y_2(j,i)=u_2 y(j,i_1)+(1-u_2)y(j,i_2),\ u_3\geq 0.5 \end{cases} \tag{2-55}$$

式中，u_1、u_2、u_3——随机数。

（6）变异操作。

为了增强群体多样性引进新基因，随机选择 p 个数以 $pm(i)=1-ps(i)$ 的概率得到第 3 个子代群体 $\{y_3(j,i)|j=1,2,\cdots,p,\ i=1,2,\cdots,n\}$，即

$$\begin{cases} y_3(j,i)=u(j),\ u_m<pm(i) \\ y_3(j,i)=y(j,i),\ u_m\geq pm(i) \end{cases} \tag{2-56}$$

式中，$u(j)(j=1,2,\cdots,p)$；u_m——随机数。

（7）演化迭代。

根据上述步骤得到 $3n$ 个子代，将 $F(i)$ 由大到小排序，取最前面的 n 个子代作为新的父代群体，按照（3）进行计算，进入新的演化过程。

（8）加速循环。

将前两次演化产生的优秀个体对应的变化区间作为新的变化区间，进入（1）进行加速循环，逐步调整其变化区间，缩小与最优点的距离，直至其 $F(i)$ 小于预定加速次数，算法结束。

2.8.2　自适应人工鱼群算法

人工鱼群算法是一种以实际鱼为模板构造人工鱼，通过实际鱼的行为改变位置，从局部寻优到全局寻优的随机搜索优化算法[25]。该算法对初值要求不高，可以随机产生初值，不需要了解问题的特殊性，收敛速度较快。但在实际应用中，人工鱼数目的增多会导致存储空间和计算量增大，容易陷入局部最优和局部极值[26]。因此采用自适应地改变步长（step）和拥挤度因子（δ）来改进人工鱼群算法，通过动物自制体模式实现优化。其中，$step_{i+1}=\left(\dfrac{1}{2}+\dfrac{1}{k}\right)step_i$，$\delta_{k+1}=1.1\delta_k$，$k$ 为迭代次数，$0<\delta<1$。基于此优化方法，自适应人工鱼群算法（adaptive artificial fish swarm algorithm，AAFSA）优化步骤[27]如下。

（1）初始化鱼群：随机生成 N 条人工鱼，设定其感知距离 visable，移动初始

步长 step，初始拥挤度因子 δ，最大试探次数 trynumber。

（2）赋予公告板初值：将初始化鱼群代入目标函数，将最大值选为公告板初值，记录当前的状态。

（3）行为选择：进行追尾和聚群，选择执行最佳行为，缺省为觅食。

① 觅食行为：设 x_i 为人工鱼的当前状态，x_j 为在视野内的随机状态，如果该状态周围的食物浓度大于当前状态时，则向该方向前进一步；反之，则重新选择 x_j 并判断是否满足前进条件；在 trynumber 后，假如不符合选择条件，随机移动一步。

② 聚群行为：设 x_i 为人工鱼的当前状态，n_f 为视野区域内的同伴数，反之执行觅食行为。

③ 追尾行为：在领域内探索最优状态的邻居 x_{max}，若当前状态的食物浓度小于 x_{max} 周围的食物浓度，$n_f/n<\delta$，$(0<\delta<1)$，表明 x_{max} 附近食物较多且不太拥挤，则人工鱼向 x_{max} 移动一步；反之执行觅食行为。

④ 更新公告板：每次迭代后，对函数值和公告板值进行比较，若优于公告板值，则更新，反之不变。

⑤ 终止条件：重复③、④，出现公告板最优解达到满意误差界内算法结束。

人工鱼群优化算法基本流程图见图 2-15。

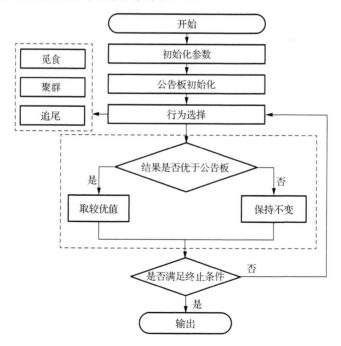

图 2-15　人工鱼群优化算法基本流程图

2.8.3　猫群优化算法

猫群优化算法（cat swarm optimization algorithm，CSO）是由 Chu 等在 2006 年首次提出来的一种基于猫的行为的全局优化算法[28]，并于 2007 年模拟自然界猫的行为提出了猫群优化算法[29]，其是群体智能优化算法的一种。该算法将猫的行为划分为两种模式：搜寻与跟踪模式[30]。该算法是将这两种模式结合在一起的一种优化方法。

1．搜寻模式

该模式参数：SMP 为记忆池，定义猫的观察视野；SRD 为维数变化率，为[0,1]之间的值；CDC 为维度变化比率，在[0,1]之间；SPC 为逻辑变量，代表猫当前位置能否作为候选点。

（1）复制当前第 t 只猫的位置 SMP 份，并存于记忆池中。如果 SPC 值为真，则 j=SMP-1，之后将当前猫的位置作为候选点之一；

（2）对 j 份副本，采用 CDC 值随机加减 SRD%的当前值代替旧值；

（3）计算全部候选点适应度的函数值 FS；

（4）假如全部 FS 几乎相等，根据式（2-57）计算其可选择性，否则将所有候选位置的可行性设置为 1：

$$P_i = \frac{\mathrm{FS}_i - \mathrm{FS}_b}{\mathrm{FS}_{\max} \mathrm{FS}_{\min}}, \quad 0<i<j \tag{2-57}$$

如果要求的是最小适应度值，则 $\mathrm{FS}_b = \mathrm{FS}_{\max}$，否则 $\mathrm{FS}_b = \mathrm{FS}_{\min}$；

（5）从候选点中随机地选择一个点替换当前猫所在的位置。

2．跟踪模式

跟踪模式是用来模拟猫跟踪目标时的状况，具体描述步骤如下。

（1）速度更新。

$$v_{i,d}(t+1) = v_{i,d}(t) + r \times c \times \left(X_{\mathrm{best},d}(t) - x_{i,d}(t) \right), \quad d = 1, 2, \cdots, M \tag{2-58}$$

式中，$v_{i,d}(t+1)$ ——更新后第 i 只猫在第 d 维的速度；

M——维数的大小；

$X_{\mathrm{best},d}(t)$ ——目前猫群中适应度数值最好的猫的位置；

$x_{i,d}(t)$ ——第 i 只猫的位置为第 d 维；

c——常量，其数值随着不同问题的需要而定；

r——[0,1]的随机数。

（2）检查速度的大小是否在最大可变范围，如果超出了最大值，则将它设置为最大值。

（3）位置更新。

$$x_{i,d}(t+1) = x_{i,d}(t) + v_{i,d}(t+1), \quad d = 1,2,\cdots,M \qquad (2\text{-}59)$$

式中，$x_{i,d}(t+1)$——更新后第 i 只猫的位置。

3. 算法流程

猫群优化算法利用搜寻模式与跟踪模式来解决优化问题。参数 MR 用于表示捕猎模式和观察模式的混合比率。具体流程如图 2-16 所示。

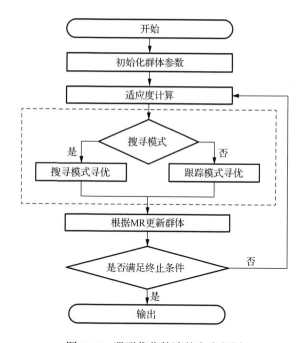

图 2-16　猫群优化算法基本流程图

2.8.4　萤火虫算法

萤火虫算法（firefly algorithm，FA）是由剑桥大学学者 Yang[31]提出的一种基于自然启发的群体智能算法。通过模拟萤火虫的群体行为而构造出的随机优化算法。

萤火虫的相对亮度计算公式为[32]

$$I(l) = I_0 \cdot e^{-\gamma l_{ij}^2} \qquad (2\text{-}60)$$

式中，I_0——萤火虫的最大荧光亮度，即自身 $l=0$ 亮度；

γ——荧光随距离增加和介质吸收的减弱程度称为光强吸收系数，为常数；

l_{ij}——任意萤火虫间的笛卡儿距离；

$I(l)$——相对亮度。

$$l_{ij} = \|x_i - x_j\| = \sqrt{\sum_{k=1}^{d}\left(x_{i,k} - x_{j,k}\right)^2} \qquad (2\text{-}61)$$

式中，x_i、x_j——萤火虫 i 和 j 所处的空间位置；

d——搜索空间维数；

$x_{i,k}$、$x_{j,k}$——萤火虫 i 和 j 在 d 维空间中的第 k 个分量。

萤火虫的吸引度计算公式为

$$\beta(l) = \beta_0 \cdot e^{-\gamma l_{ij}^2} \qquad (2\text{-}62)$$

式中，γ——光强吸收系数；

β_0——$l=0$ 处的吸引度。

萤火虫 i 被亮度更大的萤火虫 j 吸引向其移动而更新自己的位置，位置更新公式如下：

$$x_i = x_i + \beta(l_{ij}) \cdot (x_j - x_i) + A(R - 0.5) \qquad (2\text{-}63)$$

式中，A——步长因子，一般取[0,1]上的常数；

R——[0,1]上服从均匀分布的随机因子。

具体的优化算法步骤如下。

（1）初始化算法基本参数，设置萤火虫数目 m，光强吸收系数 γ，步长因子 A，搜索精度 ε 或最大迭代次数 max N。

（2）随机初始化萤火虫的位置，计算萤火虫的目标函数值作为各自最大荧光亮度 i_0。

（3）计算群体中萤火虫的相对亮度 I 和吸引度 β，根据相对亮度决定萤火虫的移动方向。更新萤火虫的空间位置，对处在最优位置的萤火虫进行随机扰动。根据更新后萤火虫的位置，重新计算萤火虫的亮度。

（4）当搜索精度满足要求或达到最大搜索次数时转（5）；否则，搜索次数增加1，转（3），进行下一次搜索。

（5）输出全局极值点和最优个体值。

萤火虫算法流程图如图 2-17 所示。

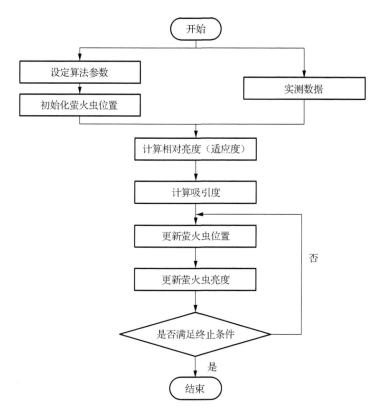

图 2-17　萤火虫算法流程图

2.8.5　粒子群优化算法

粒子群优化（particle swarm optimization，PSO）算法，又称鸟群觅食算法，是 Kennedy 等[33]通过模拟鸟群觅食行为而提出的一种进化算法。在粒子群优化算法中，每一个粒子都代表着优化问题搜索空间中的一个解，算法会通过随机迭代和适应度函数探寻搜索空间中具有最优解的粒子。在寻优过程中，每个粒子都具有三个重要参数：速度、位置和适应度值，其中，速度决定了粒子的迭代方向和搜索范围，位置包含了优化问题的解，适应度值可以判定粒子是否搜寻到了最佳位置（即最优解）。每个粒子都具有记忆功能，记住自己搜寻到的最佳位置，而粒子的适应度值由适应度函数决定，适应度函数则是根据优化问题的具体条件来设定[34]。粒子是通过三个参数的相互影响产生进化的，即在进化过程中，粒子通过比较适应度值、位置极值来不断更新自己的速度和位置。粒子群优化算法核心公式如下：

$$v_i(t+1) = \omega v_i(t) + c_1 r_1 \left[P_i^k(t) - x_i(t) \right] + c_2 r_2 \left[P_g^k(t) - x_i(t) \right] \tag{2-64}$$

$$x_i(t+1) = x_i(t) + v_{t+1} \qquad (2\text{-}65)$$

式中，t ——迭代次数；

$\qquad x_i(t)$ ——第 i 个粒子在第 t 次迭代时的位置；

$\qquad v_i(t)$ ——第 i 个粒子在第 t 次迭代时的速度；

$\qquad \omega$ ——惯性权重；

$\qquad c_1, c_2$ ——加速度因子；

$\qquad r_1, r_2$ ——分布在 0～1 的随机数；

$\qquad P_i^k(t)$ ——第 i 个粒子的个体极值，即在迭代过程中搜寻到的最优位置；

$\qquad P_g^k(t)$ ——群体极值，即所有粒子搜寻到的最优位置。

粒子群优化算法流程图如图 2-18 所示。

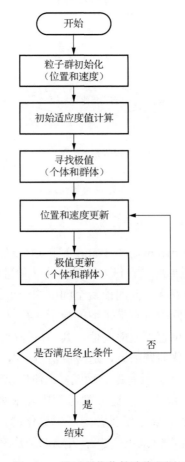

图 2-18　粒子群优化算法流程图

2.8.6　模拟退火和粒子群优化混合算法

模拟退火（simulated annealing，SA）算法是一种进化算法，通过模拟退火机制进行迭代寻优，具有一定的概率突跳性。粒子群优化算法结构简单，效率高，但在迭代过程中容易陷入局部最优。本节根据模拟退火算法和粒子群优化算法的特点，在粒子群优化算法中引入模拟退火机制，构建模拟退火和粒子群优化混合算法。

模拟退火和粒子群优化混合算法在迭代寻优过程中不仅接受优解，还以一定的概率接受差解，同时这种概率受温度参数的控制，其大小会随着温度的下降而减小，因此，该算法能够有效地避开局部最优解的陷阱，具有更好的收敛性能和精度[35]。

模拟退火和粒子群优化（SA-PSO）混合算法的计算步骤如下。

（1）随机生成各粒子的原始位置和原始速度。

（2）计算各粒子的适应度值，将当前的位置信息和适应度值保存在各粒子的个体极值 p_i 中，将所有适应度值最优个体的位置信息和适应度值保存在群体极值 p_g 中。

（3）确定初始温度。

（4）计算当前温度下个体极值 p_i 的适配值：

$$\mathrm{TF}(p_i) = \frac{\mathrm{e}^{-(f(p_i)-f(p_g))/t}}{\sum\limits_{i=1}^{N} \mathrm{e}^{-(f(p_i)-f(p_g))/t}} \tag{2-66}$$

式中，$\mathrm{TF}(p_i)$ ——个体极值 p_i 的适配值；

　　　f ——适应度函数；

　　　p_i ——个体极值；

　　　p_g ——群体极值；

　　　t ——迭代次数。

（5）利用轮盘赌策略从所有个体极值中挑选出群体极值的替代值，根据替代值更新所有粒子的速度和位置：

$$v_{i,j}(t+1) = \alpha\left\{v_{i,j}(t) + c_1 r_1[p_{i,j} - x_{i,j}(t)] + c_2 r_2[p_{g,j} - x_{i,j}(t)]\right\} \tag{2-67}$$

$$x_{i,j}(t+1) = x_{i,j}(t) + v_{i,j}(t+1) \tag{2-68}$$

$$\alpha = \frac{2}{\left|2 - C - \sqrt{C^2 - 4C}\right|}, \ C = c_1 + c_2 \tag{2-69}$$

式中，t ——迭代次数；

　　　$x_{i,j}(t)$ ——第 i 个粒子在第 t 次迭代时的位置；

$v_{i,j}(t)$——第 i 个粒子在第 t 次迭代时的速度；

c_1, c_2——加速度因子；

r_1, r_2——分布在 $0\sim1$ 的随机数；

$p_{i,j}$——个体极值，即在迭代过程中搜寻到的最优位置；

$p_{g,j}$——群体极值，即所有粒子搜寻到的最优位置。

（6）计算各粒子的适应度值，更新个体极值和群体极值。

（7）进行降温操作：

$$t_0 = f(p_g)/\ln 5 \tag{2-70}$$

（8）判定是否达到终止条件（一定迭代次数或精度），如果满足条件，则停止迭代寻优，输出结果，否则转入（4）。

2.8.7　改进鸡群优化算法

鸡群优化（chicken swarm optimization，CSO）算法也是一种进化算法，通过模拟鸡群觅食行为和鸡群等级制度进行迭代寻优。不同等级的鸡会有不同的移动规律，在这种等级秩序下鸡群以组为单位按照各自的移动规律进行觅食，最佳觅食位置即为最优解[36-37]。

孔飞等[38]提出的改进鸡群优化（improved chicken swarm optimization，ICSO）算法，通过引入自学习系数对雏鸡的位置更新公式进行了改进，从而有效地避免了高维数据优化中的早熟收敛问题。

改进鸡群优化算法的具体计算步骤如下。

在迭代过程中，每只鸡都是待优化问题的一个解。假设整个鸡群有 N 只鸡，个体位置 $x_{i,j}(t)$ 表示第 i 只鸡在第 j 维上的第 t 次迭代值。

鸡群由公鸡、母鸡和雏鸡组成，因此在迭代过程中，个体位置 $x_{i,j}(t)$ 的更新方式会根据鸡的不同种类而相异。公鸡的位置更新公式如下：

$$x_{i,j}(t+1) = x_{i,j}(t) \cdot (1 + R(0,\sigma^2)) \tag{2-71}$$

$$\sigma^2 = \begin{cases} 1, & f_i \leqslant f_k \\ \exp\left(\dfrac{f_k - f_i}{|f_i| + \varepsilon}\right), & \text{其他} \end{cases} \tag{2-72}$$

式中，σ——标准差；

$x_{i,j}(t)$——第 i 只鸡在第 j 维上的第 t 次迭代值；

ε——小常数且 $\varepsilon \neq 0$；

k——从公鸡中随机选择的不同于第 i 只公鸡的公鸡；

f_k，f_i——第 k 只公鸡和第 i 只公鸡的适应度值，$(k=1,2,\cdots,N; k\neq i)$；

$R(\cdot)$——正态分布随机数。

母鸡的位置更新公式如下：

$$x_{i,j}(t+1) = x_{i,j}(t) + C_1 \cdot R' \cdot (x_{r_1,j}(t) - x_{i,j}(t)) + C_2 \cdot R' \cdot (x_{r_2,j}(t) - x_{i,j}(t)) \tag{2-73}$$

$$C_1 = \exp\left((f_i - f_{r_1})/(\mathrm{abs}(f_i) + \varepsilon)\right) \tag{2-74}$$

$$C_2 = \exp\left((f_{r_2} - f_i)\right) \tag{2-75}$$

式中，R'——处于 $0\sim1$ 的随机数；

C_1 和 C_2——学习因子；

r_1——第 i 个母鸡的配偶公鸡的个体索引；

r_2——鸡群中随机确定的不同于第 i 只母鸡的任意个体，$r_1 \neq r_2$。

雏鸡的位置更新公式如下：

$$x_{i,j}(t+1) = \omega \cdot x_{i,j}(t) + F \cdot (x_{m,j}(t) - x_{i,j}(t)) + C \cdot (x_{r,j}(t) - x_{i,j}(t)) \tag{2-76}$$

式中，ω——自学习系数；

F——小鸡跟随母鸡的行走步长，为[0,2]的随机数；

C——学习因子，表示雏鸡向公鸡的学习程度。

2.8.8 实例应用

1. 基于 RAGA-PP 模型的水资源系统恢复力测度分析

本节以红兴隆管理局 12 个农场为研究平台，根据水资源系统恢复力的概念及指标筛选原则，采用 DPSIR 模型，共选取 17 个指标建立农业水资源系统恢复力评价指标体系（表 2-12），采用 RAGA-PP 模型对水资源系统恢复力进行评价。

表 2-12　红兴隆管理局水资源系统恢复力评价指标体系

一级指标	二级指标
驱动力（D）	森林覆盖率
	年平均降水量
	人口自然增长率
压力（P）	人均水资源量
	单位耕地面积农药施用量
	人口密度
	单位耕地面积化肥施用量
	人均 GDP
状态（S）	农业总产值占 GDP 比重
	农业用水比重
	有效灌溉面积率

续表

一级指标	二级指标
影响（I）	粮食单产
	人均纯收入
	耕地面积比重
响应（R）	单位耕地面积机电井量
	单位耕地面积排灌站量
	水利资金总投入

选定父代初始种群规模 n=400，优秀个体数目选定为 12 个，加速次数为 20，对等级标准进行投影值计算，得到最大投影值为 0.3936，最佳投影方向为 a^* ={0.1136,0.1050,0.1430,0.4210,0.2842,0.0486,0.1043,0.2792,0.3032,0.3780,0.1810, 0.1547,0.1729,0.3703,0.3106,0.1953,0.1057}。

根据最佳投影方向得出影响农业水资源系统恢复力的三个主要因子为人口密度、农业用水比重和粮食单产。

将 a^* 代入投影公式（式（2-45））中可得农业水资源系统恢复力样本的投影值为 $z^*(j)$ = {3.1957,2.0597,2.7507,3.3733,3.3350,3.1100,1.5857,3.5712,2.3006,1.7620, 3.2242,3.2155}，将投影值进行归一化处理，归一化处理后得到水资源系统恢复力值，见表 2-13。

表 2-13　基于 RAGA-PP 模型水资源系统恢复力值

农场	恢复力值	农场	恢复力值	农场	恢复力值
友谊	0.811	饶河	0.881	曙光	0.360
五九七	0.239	二九一	0.768	北兴	0.089
八五二	0.587	双鸭山	0.000	红旗岭	0.825
八五三	0.900	江川	1.000	宝山	0.821

根据表 2-13 绘制 12 个农场水资源系统恢复力空间分布图，如图 2-19 所示。

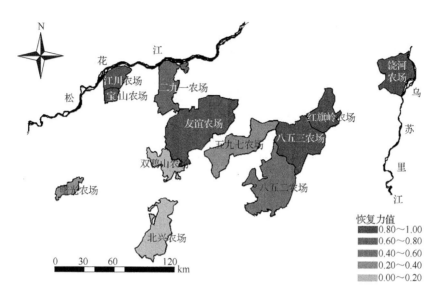

图 2-19 基于 RAGA-PP 模型水资源系统恢复力空间分布图 (见书后彩图)

根据 RAGA-PP 模型得出影响农业水资源系统恢复力的三个主要因子为人口密度、农业用水比重和粮食单产。由此可知,农业用水比重对于农业水资源系统恢复力具有不可忽视的影响作用,同时揭示了人口密度这个人为因素的作用,由粮食单产指出了耕地对农业水资源系统恢复力的影响,主要影响因子表征全面。

根据图 2-19 可知,红兴隆管理局所辖农场水资源系统恢复力大体趋势自南向北增强。其中江川农场和宝山农场靠近松花江,区域面积小,双鸭山农场和北兴农场相对来说水资源恢复能力最弱,南部地区靠近河流的农场恢复力较强,八五二农场和八五三农场分别有蛤蟆通水库和清河水库进行供水,其水资源得到一定程度的补给,因此农业水资源系统恢复力评价符合当地实际情况。

2. 基于 AAFSA-PP 模型的水资源系统恢复力测度分析

本节以红兴隆管理局 12 个农场为研究区域,筛选出森林覆盖率、降水量、人口自然增长率、人均水资源量、单位耕地面积农药施用量、人口密度、单位耕地面积化肥施用量、人均 GDP、农业总产值占 GDP 比重、农业用水比重、有效灌溉面积率、粮食单产、人均纯收入、耕地面积比重、单位耕地面积机电井量、单位耕地面积排灌站量和水利资金总投入 17 个指标构建水资源系统恢复力评价指标体系。

采用 AAFSA-PP 模型对样本进行评价,得到最大的投影值为 0.6571,最佳投影方向为 $a^* = \{0.3018, 0.0867, 0.3385, 0.3952, 0.3457, 0.2097, 0.2634, 0.1833, 0.1762, 0.3710,$

0.3006,0.2827,0.3868,0.3003,0.2288,0.3088,0.2143}。根据最佳投影方向得出影响农业水资源系统恢复力的三个主要因子为人口密度、农业用水比重和人均纯收入。

将 a^* 代入投影公式可得农业水资源系统恢复力样本的投影值 $z^*(j) =$ {2.4040,1.4541,1.9577,2.4189,2.5179,2.4439,1.0107,2.5375,1.7529,1.3594,2.4551, 2.3995},将投影值进行归一化处理,处理后得到水资源系统恢复力值,见表 2-14。

表 2-14　基于 AAFSA-PP 模型水资源系统恢复力值

农场	恢复力值	农场	恢复力值	农场	恢复力值
友谊	0.913	饶河	0.987	曙光	0.486
五九七	0.290	二九一	0.929	北兴	0.228
八五二	0.620	双鸭山	0.000	红旗岭	0.946
八五三	0.922	江川	1.000	宝山	0.910

根据表 2-14 绘制 12 个农场水资源系统恢复力空间分布图,如图 2-20 所示。

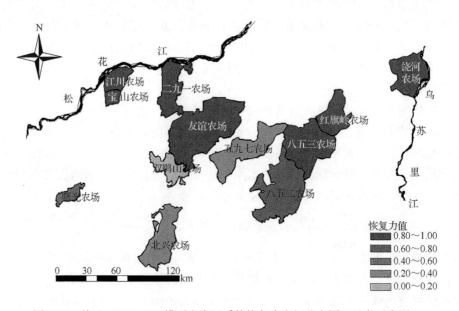

图 2-20　基于 AAFSA-PP 模型水资源系统恢复力空间分布图(见书后彩图)

根据图 2-20 可知,红兴隆管理局所辖农场水资源系统恢复力大体趋势自南向北增强。其中江川农场和宝山农场靠近松花江,区域面积小,双鸭山农场相对来说水资源恢复能力最弱,南部地区靠近河流的农场恢复力较强,八五二农场和八五三农场分别有蛤蟆通水库和清河水库进行供水，其水资源得到一定程度的补给。

3. 基于 CSO-PP 模型的水资源系统恢复力测度分析

本节以红兴隆管理局 12 个农场为研究区域，筛选出森林覆盖率、降水量、人口自然增长率、人均水资源量、单位耕地面积农药施用量、人口密度、单位耕地面积化肥施用量、人均 GDP、农业总产值占 GDP 比重、农业用水比重、有效灌溉面积率、粮食单产、人均纯收入、耕地面积比重、单位耕地面积机电井量、单位耕地面积排灌站量和水利资金总投入 17 个指标构建水资源系统恢复力评价指标体系。

采用 CSO-PP 模型对红兴隆管理局 12 个农场 2011 年农业水资源系统恢复力进行评价，对样本数据进行投影值计算，得到最大投影值为 0.3936，最佳投影方向 为 a^{*} = {0.1546,0.1795,0.1606,0.4362,0.3069,0.4156,0.0395,0.2034,0.0703,0.4814, 0.2409,0.2496,0.1783,0.3295,0.1454,0.0246,0.3127}。

根据最佳投影方向得出影响农业水资源系统恢复力的三个主要因子为人口密度、人均水资源量和农业用水比重。将 a^{*} 代入投影公式（式（2-45））中可得农业水资源系统恢复力样本的投影值为 $z^{*}(j)$ = {2.0390,1.3141,1.7551,2.1523,2.1279, 1.9843,1.0118,2.2786,1.4679,1.1243,2.0572,2.0517}，将投影值进行归一化处理，处理后得到水资源系统恢复力值，见表 2-15。

表 2-15　基于 CSO-PP 模型水资源系统恢复力值

农场	恢复力值	农场	恢复力值	农场	恢复力值
友谊	0.811	饶河	0.881	曙光	0.360
五九七	0.239	二九一	0.768	北兴	0.089
八五二	0.587	双鸭山	0.000	红旗岭	0.825
八五三	0.900	江川	1.000	宝山	0.821

根据表 2-15 绘制 12 个农场水资源系统恢复力空间分布图，如图 2-21 所示。

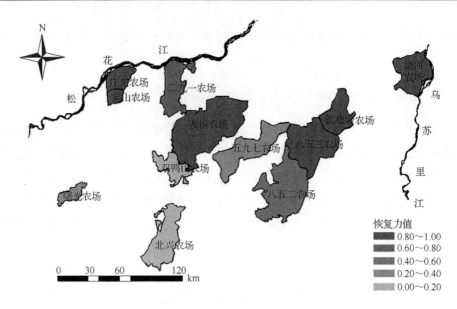

图 2-21　基于 CSO-PP 模型水资源系统恢复力空间分布图（见书后彩图）

根据图 2-19 和图 2-21 可知，采用基于 RAGA-PP 模型和 CSO-PP 模型评价农业水资源系统恢复力的结果相同，但是两者筛选出的影响农业水资源系统恢复力的主要因子略有差异，因此可对影响因子进行进一步的分析。

4. 基于 FA-PP 模型的农业水土资源系统恢复力评价

本节以建三江管理局所辖农场为研究平台，借鉴前人提出的评价指标分级标准，结合研究区域特点，提出了建三江水土资源系统恢复力评价指标分级标准，将水资源系统恢复力划分为五级。Ⅰ级为水资源系统恢复力较高级别，水土资源处于强无压力状态，该级别水土资源开发利用初具规模，开发利用潜力较大，水土资源对社会、经济、生态环境的支持能力较强，在满足社会经济发展需求的同时水土资源仍有一定的富余；Ⅲ级为水资源系统恢复力中等级别，水土资源和社会经济处于平衡发展的状态，该级别水土资源开发利用已有相当规模，但仍有一定的开发利用潜力，水土资源的利用程度和社会经济的发展速度比较协调，现有的水土资源供给能够满足区域社会经济发展的需求；Ⅴ级为水资源系统恢复力极低级别，水土资源处于强压力状态，该级别水土资源恢复能力已接近饱和，进一步开发利用的潜力较小，水土资源的供给不能满足社会经济的需求，水土资源的短缺已成为工农业生产和社会经济发展的限制因子。Ⅱ级和Ⅳ级属于过渡级别，不同的管理和开发利用方式会使两种类型的水资源系统恢复力向Ⅰ级、Ⅲ级或Ⅴ级发展[39]。

根据 DPSIR 模型，选取降水量、人口数量、人口增长率、社会总产值、农膜使用量、农药施用量、万元 GDP 能耗、耕地灌溉率、人均水资源量、土壤质量综合指数、地下水水质综合指数、人均 GDP、耕地面积比重、供水模数、生态环境用水率、森林覆盖率、水土流失治理率和工业水重复利用率 18 个指标对农业水土资源系统恢复力进行评价。

萤火虫算法的参数设置为种群规模 $N=200$，初始迭代步长 $\alpha=0.25$，伪时间步数 $s=200$，最大吸引度 $\beta=1$，光强吸收系数 $\gamma=1$，得出投影指标函数最大值 $Q^*(a)=1.00785$，最佳投影方向 $a^*=\{0.2123, 0.2375, 0.2308, 0.2784, 0.2135, 0.1187, 0.1538, 0.2085, 0.2749, 0.2212, 0.2451, 0.2148, 0.2667, 0.1357, 0.2349, 0.2201, 0.1507, 0.2146\}$。评价指标分级标准数据集的最佳投影值 $Z_s^*=\{4.529, 3.781, 1.815, 0.728\}$。因此，水资源系统恢复力评价等级标准 Ⅰ 级和 Ⅱ 级分界点的最佳投影值 $Z_s^*(1)=0.728$，Ⅱ级和Ⅲ级分界点的最佳投影值 $Z_s^*(2)=1.815$，Ⅲ级和Ⅳ级分界点的最佳投影值 $Z_s^*(3)=3.781$，Ⅳ级和Ⅴ级分界点的最佳投影值 $Z_s^*(4)=4.529$。$Z^*=\{1.754, 4.439, 1.524, 4.158, 2.539, 0.691, 2.157, 2.347, 1.988, 0.472, 2.947, 3.684, 3.376, 3.959, 1.361\}$。将评价区域最佳投影值 Z^* 与水资源系统恢复力评价标准分界点的最佳投影值 Z_s^* 进行比较，即可得出研究区域的水土资源系统恢复力评价等级，如表 2-16 所示。

表 2-16　基于 FA-PP 模型的建三江管理局所辖农场农业水土资源系统恢复力值及等级

农场	恢复力值	等级	农场	恢复力值	等级
七星	0.472	Ⅰ	二道河	2.539	Ⅲ
八五九	0.691	Ⅰ	大兴	2.947	Ⅲ
前进	1.361	Ⅱ	浓江	3.376	Ⅲ
前锋	1.524	Ⅱ	青龙山	3.684	Ⅲ
勤得利	1.754	Ⅱ	洪河	3.959	Ⅳ
创业	1.988	Ⅲ	前哨	4.158	Ⅳ
胜利	2.157	Ⅲ	鸭绿河	4.439	Ⅳ
红卫	2.347	Ⅲ	—	—	—

由表 2-16 可知，2016 年农业水土资源系统恢复力处于Ⅲ级。区划内的七星农场、八五九农场水土资源系统恢复力处于 Ⅰ 级，水土资源系统恢复力较强，区域内水土资源系统处于强无压力状态；前进农场、前锋农场、勤得利农场水土资源系统恢复力处于 Ⅱ 级，水土资源系统恢复力较高，区域内水土资源系统处于弱无

压力状态；创业农场、胜利农场、红卫农场、二道河农场、大兴农场、浓江农场和青龙山农场水土资源系统恢复力处于Ⅲ级，水土资源系统恢复力中等，水土资源系统和社会经济处于平衡发展的状态；洪河农场、前哨农场和鸭绿河农场水土资源系统恢复力处于Ⅳ级，水资源系统恢复力系统较弱，区域内水土资源情况急需改善。

　　为了更加直观地了解水土资源系统恢复力的区域差异，利用 ArcGIS 的可视化功能，实现水土资源系统恢复力等级空间分布的绘制，如图 2-22 所示。

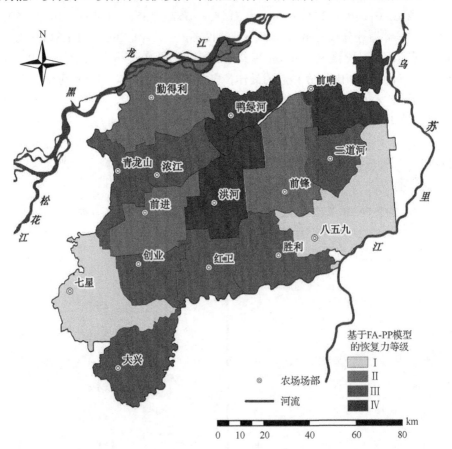

图 2-22　FA-PP 模型下建三江管理局所辖农场水土资源系统恢复力等级分区图

　　根据评价结果得出影响农业水资源系统恢复力的关键影响因子为地下水水质综合指数、耕地面积比重、人口数量，水土资源系统恢复力整体上呈自西南向东北逐渐增强的趋势；恢复力等级为Ⅰ级和Ⅱ级的农场主要出现在西南一带，个别分布在北部靠近黑龙江和松花江一带，以及东部靠近乌苏里江一带，这些区域经济较为发达，农业机械化程度较高，水土资源处于无压力状态；恢复力等级为Ⅲ

级和Ⅳ级的农场主要出现于中部，个别分布在东南中俄交界处，靠近黑龙江一带，这些区域水土资源虽然能基本满足工农业生产和生活要求，但是水资源整体利用率低，土壤综合污染较为严重。

5. 基于 SA-PSO-PP、PSO-PP、ICSO-PP 模型的农业水土资源系统恢复力评价

本节以红兴隆管理局 12 个农场为研究平台，经过 DPSIR 模型（定性）、最小均方差法（纵向）和极大不相关法（横向）的筛选，最终构建含有 14 个评价指标的农业水土资源系统恢复力评价指标体系，具体划分标准如表 2-17 所示。

表 2-17   红兴隆管理局所辖农场农业水土资源系统恢复力评价标准

评价指标	恢复力等级		
	I	II	III
年降水量/mm	>700	500～700	<500
产水系数/%	>40	20～40	<20
单位耕地面积农药施用量/(t/km²)	<0.6	0.6～0.8	>0.8
单位耕地面积化肥施用量/(t/km²)	<35	35～45	>45
万元 GDP 能耗/(t/万元)	<0.5	0.5～1	>1
农业总产值占 GDP 比重/%	<30	30～40	>40
农业投资占年度总投资比重/%	<30	30～50	>50
人均纯收入/万元	>2.5	2.0～2.5	<2.0
气温/℃	>4	2～4	<2
蒸发量/mm	>1100	1000～1100	<1000
土壤墒情/%	>29.0	25.0～29.0	<25.0
地下水埋深/m	<3.3	3.3～4.5	>4.5
水利资金总投入/万元	>5000	2000～5000	<2000
粮食单产/(kg/hm²)	>9000	7000～9000	<7000

本节分别采用 SA-PSO-PP、ICSO-PP、PSO-PP 模型对红兴隆管理局农业水土资源系统恢复力进行评价。选取 2013 年和 2017 年两个典型年作为研究对象，计算结果见表 2-18。

表 2-18 基于不同模型的红兴隆管理局水土资源系统恢复力等级计算结果

农场	2013 年			2017 年		
	SA-PSO-PP 模型	ICSO-PP 模型	PSO-PP 模型	SA-PSO-PP 模型	ICSO-PP 模型	PSO-PP 模型
友谊	I	I	I	III	II	II
五九七	II	II	II	III	II	II
八五二	I	I	I	II	II	III
八五三	II	II	II	II	II	II
饶河	I	I	I	II	II	II
二九一	I	II	II	II	II	II
双鸭山	II	II	II	II	II	II
江川	II	I	II	II	II	II
曙光	II	II	II	III	III	II
北兴	II	II	II	II	II	II
红旗岭	I	I	I	II	II	II
宝山	II	II	I	III	II	II

由表 2-18 结果可以看出，ICSO-PP 模型、PSO-PP 模型的评价结果与 SA-PSO-PP 模型的评价结果虽有差异，但总体来看结果比较接近。同时，将 PSO-PP 模型、ICSO-PP 模型评价结果的各指标最佳投影方向与 SA-PSO-PP 模型进行对比，如表 2-19 所示。

表 2-19 基于不同模型的系统恢复力最佳投影方向

指标名称	最佳投影方向		
	SA-PSO-PP 模型	ICSO-PP 模型	PSO-PP 模型
年降水量/mm	0.2254	0.0060	0.2543
产水系数/%	0.0198	0.0629	0.0548
单位耕地面积农药施用量/(t/km^2)	0.0782	0.0325	0.0740
单位耕地面积化肥施用量/(t/km^2)	0.4052	0.1346	0.3228
万元 GDP 能耗/(t/万元)	0.1588	0.0298	0.1696

续表

指标名称	最佳投影方向		
	SA-PSO-PP 模型	ICSO-PP 模型	PSO-PP 模型
农业总产值占 GDP 比重/%	0.0449	0.0023	0.1282
农业投资占年度总投资比重/%	0.2679	0.0273	0.1197
人均纯收入/万元	0.4322	0.5853	0.5059
气温/℃	0.3658	0.2293	0.1541
蒸发量/mm	0.0329	0.0090	0.0186
土壤墒情	0.3680	0.3452	0.3708
地下水埋深/m	0.0208	0.0780	0.0171
水利资金总投入/万元	0.4709	0.6106	0.3452
粮食单产/(kg/hm^2)	0.0115	0.2862	0.4755

　　由表 2-19 可以看出，3 种模型所得评价结果中最佳投影方向值较大的为水利资金总投入、人均纯收入、单位耕地面积化肥施用量、土壤墒情这 4 个评价指标。进一步采用序号总和理论对 3 种模型的稳定性进行分析。排序结果如表 2-20 所示。

表 2-20　各评价模型的排序评价结果与相对合理排序

农场	SA-PSO-PP 模型		ICSO-PP 模型		PSO-PP 模型	
	2013 年	2017 年	2013 年	2017 年	2013 年	2017 年
友谊	2	21	1	20	2	18
五九七	13	22	12	17	13	22
八五二	3	17	3	24	3	22
八五三	8	18	8	18	8	17
饶河	4	10	5	14	4	11
二九一	5	19	4	15	5	19
双鸭山	16	20	16	19	16	20
江川	6	12	6	9	6	11
曙光	11	23	10	23	12	24
北兴	9	14	11	13	9	14
红旗岭	1	15	2	21	1	15
宝山	7	24	7	22	8	23

计算各评价模型排序评价结果与相对合理排序的等级相关系数的平方，结果如表 2-21 所示。

表 2-21　各评价模型与相对合理排序的等级相关系数平方

评价模型	等级相关系数平方
SA-PSO-PP	0.9824
ICSO-PP	0.9494
PSO-PP	0.9494

由表 2-21 可知，SA-PSO-PP 模型具有非常好的稳定性。分别计算 3 种模型的区分度，如表 2-22 所示。

表 2-22　各评价模型区分度

评价模型	区分度
SA-PSO-PP	1.1036
ICSO-PP	1.1045
PSO-PP	1.0727

绘制各评价模型评价结果与排序散点图，如图 2-23 所示。

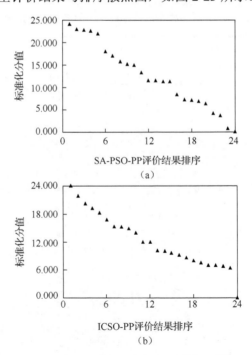

SA-PSO-PP评价结果排序

（a）

ICSO-PP评价结果排序

（b）

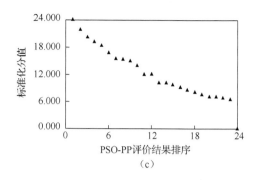

图 2-23　各评价模型评价结果与排序散点图

根据表 2-22 可知，SA-PSO-PP 模型和 ICSO-PP 模型的区分度值接近，PSO-PP 模型的区分度值最小，说明 PSO-PP 模型的区分度最差；根据图 2-23 可知，SA-PSO-PP 模型结果的层次要更明显；综上所述，SA-PSO-PP 模型的区分度最好，即拥有较好的可靠性。

采用 SA-PSO-PP 模型，选取 2013～2017 年 12 个农场的数据，得到各农场 2013～2017 年的恢复力投影值和相应等级，将每年 12 个农场恢复力投影值的算数平均值作为平均恢复力投影值，具体结果如表 2-23 所示。

表 2-23　基于 SA-PSO-PP 模型的红兴隆管理局恢复力投影值及等级

农场	2013 年		2014 年		2015 年		2016 年		2017 年	
	投影值	等级	投影值	等级	投影值	等级	投影值	等级	投影值	等级
友谊	1.6604	I	1.1622	II	0.7813	III	0.8411	III	0.8628	III
五九七	1.1738	II	1.3058	II	0.8825	III	0.9209	III	0.8438	III
八五二	1.6511	I	1.4110	II	1.1716	II	1.1946	II	0.9930	II
八五三	1.3571	II	1.7978	I	1.1565	II	1.0449	II	0.9881	II
饶河	1.6483	I	2.0035	I	1.7884	I	1.4643	II	1.3220	II
二九一	1.6206	I	1.4104	II	1.2102	II	1.1228	II	0.9783	II
双鸭山	1.0421	II	0.8358	III	0.9897	II	1.3467	II	0.9547	II
江川	1.4496	II	1.3709	II	0.8811	III	1.1898	II	1.1767	II
曙光	1.2509	II	1.1213	II	1.0657	II	0.9156	III	0.7154	III
北兴	1.3312	II	1.1346	II	1.3397	II	1.2035	II	1.1679	II
红旗岭	1.7092	I	1.6843	I	1.1705	II	1.1889	II	1.1677	II
宝山	1.4115	II	1.0544	II	0.9203	III	0.8349	III	0.6894	III
红兴隆	1.4421	II	1.3577	II	1.1131	II	1.1057	II	0.9883	II

根据表 2-23 可知,2013～2017 年红兴隆管理局各农场水土资源系统恢复力整体呈减小趋势。根据表 2-23 中数据绘制红兴隆管理局所辖农场农业水土资源系统恢复力投影值时间变化曲线,如图 2-24 所示。

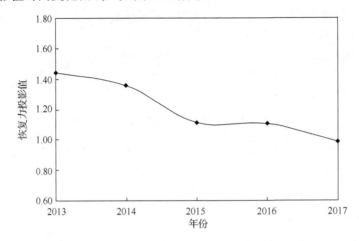

图 2-24　2013～2017 年红兴隆管理局所辖农场恢复力投影值时间变化曲线

根据图 2-24 可知,红兴隆管理局所辖农场农业水土资源系统恢复力呈显著减小趋势,恢复力投影值整体呈现下降趋势,2017 年的恢复力投影值已经非常接近 II 级标准临界值,照此趋势,红兴隆管理局所辖农场农业水土资源系统恢复力在未来几年会持续下降。总体而言,2013～2017 年,红兴隆管理局所辖农场农业水土资源系统恢复力投影值年平均降低 7.87%。时间尺度上,红兴隆管理局所辖农场农业水土资源系统恢复力均呈现下降趋势,造成该结果的原因主要有以下三种。

第一,降水量和土壤墒情均呈现下降趋势,其中,2013 年降水量达到 600 多毫米,2017 年降水量却下降到 500 多毫米,整体土壤墒情也从 29.8%(2013 年)下降到 26.8%(2017 年),同时,蒸发量却从 1000 多毫米上升到 1200 多毫米,降水量减少、蒸发量上升,会导致可利用水资源量相应减小,而土壤墒情的下降,也会在一定程度上影响农作物的生长发育。

第二,耕地面积由 476877hm^2 增加到 491334hm^2,可开垦荒地由 37704hm^2 减少到 29441hm^2,耕地面积增长、可开垦荒地面积减少,会导致水土资源开发潜力下降,也在一定程度上破坏了原有的生态环境。

第三,大力发展水稻种植业,水稻种植面积从 226272hm^2(2013 年)增加到 251107hm^2,且主要利用地下水进行灌溉,因此水稻面积增加会导致地下水资源减少,从而对土壤墒情造成影响,不利于当地水资源管理和开发利用。

为了更加直观地了解系统恢复力的空间差异，利用 ArcGIS 工具，结合表 2-23 中的恢复力等级数据，绘制红兴隆管理局所辖农场 2013～2017 年逐年农业水土资源系统恢复力等级的空间分布图，如图 2-25～图 2-29 所示。

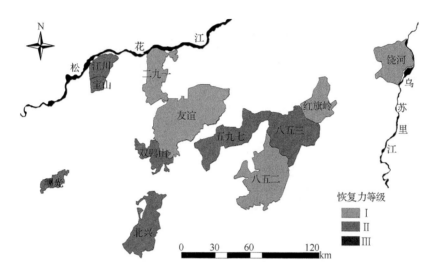

图 2-25　2013 年水土资源系统恢复力等级空间分布

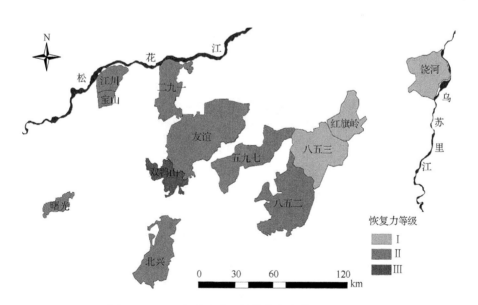

图 2-26　2014 年水土资源系统恢复力等级空间分布

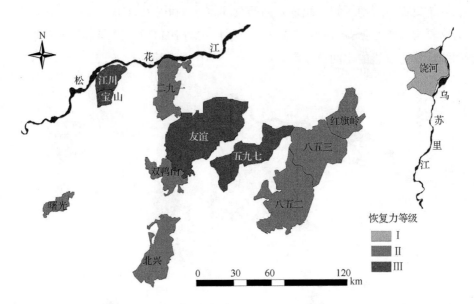

图 2-27　2015 年水土资源系统恢复力等级空间分布

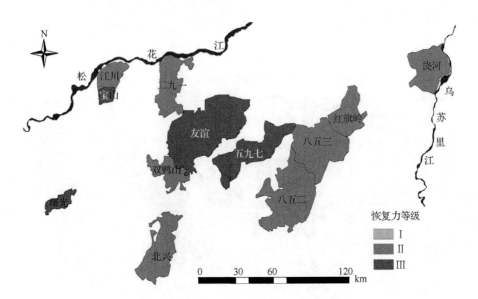

图 2-28　2016 年水土资源系统恢复力等级空间分布

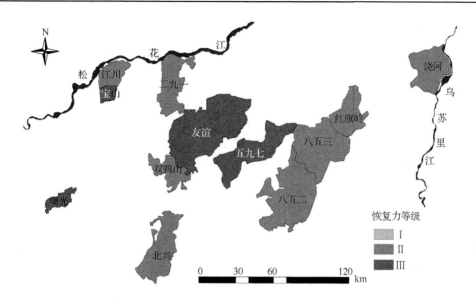

图 2-29　2017 年水土资源系统恢复力等级空间分布

　　根据图 2-25～图 2-29 可知，2013 年红兴隆管理局所辖农场水土资源系统恢复力整体良好，友谊农场、八五二农场、饶河农场、二九一农场和红旗岭农场均处于 I 级水平，其余农场处于 II 级水平，此时中部地区和东部地区农场农业水土资源系统恢复力较强，西部地区农场农业水土资源系统恢复力较弱；2014 年红兴隆管理局所辖农场水土资源系统恢复力已经开始下降，只有八五三农场、饶河农场和红旗岭农场处于 I 级水平，双鸭山农场下降到 III 级水平，其余农场处于 II 级水平，此时东部地区农场农业水土资源系统恢复力水平较强，中部和西部地区农场农业水土资源系统恢复力水平较差；2015 年红兴隆管理局所辖农场水土资源系统恢复力整体水平下降，饶河农场处于 I 级水平，友谊农场、五九七农场、江川农场和宝山农场均处于 III 级水平，其余农场均处于 II 级水平，此时西部地区和中部地区农场农业水土资源系统恢复力较差，东部地区农场农业水土资源系统恢复力相对较强；2016 年红兴隆管理局所辖农场水土资源系统恢复力整体较差，友谊农场、五九七农场、曙光农场和宝山农场处于 III 级水平，其余农场均处于 II 级水平；2017 年水土资源系统恢复力等级空间分布状况与 2016 年保持一致。综上所述，红兴隆管理局农业水土资源系统恢复力等级在空间上呈现出中部地区较弱，西部地区次之，东部地区较强的地域性规律。

　　空间尺度上，红兴隆管理局农业水土资源系统恢复力大体呈现中西部地区较弱，东部地区较强的规律：恢复力等级为 I 级和 II 级的农场（饶河农场、红旗岭农场、八五二农场和八五三农场）主要出现在东南部一带，还有少部分（二九一农场和江川农场）分布在北部靠近松花江一带。东南部地区水系发达，河网交错，外有乌苏里江，内有七星河和挠力河流过，水资源丰富，同时东南部地区建有蛤蟒通水库和清河水库两座大中型水库，在防洪、灌溉、城市发电及生态补水方面具有极大的优势。中西部地区虽然经济较为发达，但人口众多，水土资源开发程度高，存在水资源分配不均、土地质量退化、水污染严重等问题。

2.9　支持向量机评价模型

2.9.1　模型原理

支持向量机（support vector machine，SVM）是建立在统计学习理论基础上发展的机器学习理论[40-41]，是基于小样本情况下统计学的机器学习方法。支持向量机依据所选择的样本信息有限、模型结构风险保持最小化原则，解决了传统算法易陷入局部最优的问题。在实际应用过程中，支持向量机很大程度上解决了模型中的"过学习、非线性、维数灾难"等问题。为解决非线性问题，可将输入空间通过非线性映射到一个高维特征空间中，然后在此空间中寻求最优超平面[42-43]。

给定一个样本训练集，确定最优超平面，公式如下：

$$D = \left\{(x_1, y_1), (x_2, y_2), \cdots, (x_n, y_n)\right\} \tag{2-77}$$

式中，x_n——n 维坐标；

　　　y_n——x_n 对应的值。

建立最优超平面的目的是要正确地分开训练样本，同时保证各个样本间的距离保持最大化。因此定义了回归函数 $f(x)$：

$$c(x, y, f(x)) = \max\left\{0, |y - f(x)| - \varepsilon\right\} \tag{2-78}$$

式中，ε——不敏感损失函数，表示模型的误差。

考虑函数集合的复杂程度，引入松弛因子 ξ_i、ξ_i^*，其约束条件如下：

$$\begin{cases} y_i - \omega x_i + b \leqslant \varepsilon + \xi_i \\ \omega x_i - b - y_i \leqslant \varepsilon + \xi_i^* \end{cases}, \quad i = 1, 2, \cdots, m \tag{2-79}$$

同原问题的思路相似，将原问题转化为有约束的最优化问题，公式如下：

$$\text{Minimize}(W) = \frac{1}{2}\|W\|^2 \tag{2-80}$$

利用引入 Lagrange 函数优化方法将上述最优化问题转换为对偶问题，构造的 Lagrange 函数如下：

$$L(w, a, b) = \frac{1}{2}\|W\|^2 - \sum_{i=1}^{l} \alpha_i y_i \left(w^\circ x_i + b\right) + \sum_{i=1}^{l} \alpha_i, \quad \alpha_i \geqslant 0; \ i = 1, 2, \cdots, l \tag{2-81}$$

式中，α_i——Lagrange 算子。

计算得到最优化问题的对偶问题如下：

$$\text{Minimize}w\left(\alpha\right) = \sum_{i=1}^{l} \alpha_i - \frac{1}{2}\sum_{i=1}^{l} \alpha_i \alpha_i y_i y_i x_i^\circ x_j \tag{2-82}$$

$$\text{s.t.} \sum_{i=1}^{l} \alpha_i y_i = 0, \quad \alpha_i \geqslant 0; \quad i = 1, 2, \cdots, l \tag{2-83}$$

解出 α_i 后确定最优超平面,只有支持向量所对应的 Lagrange 算子 α_i 才不为 0。

2.9.2　实例应用

本节以黑龙江省建三江管理局 15 个农场农业水资源系统作为研究区域,通过指标筛选原则,选取人均水资源量、地下水环境质量指数、年降水量、气温、水利资金投入增长率、人均绿地面积、农药施用强度、森林覆盖率、单位耕地面积水资源量、有效灌溉面积率、节灌率、耕地率、农业供水单方产值、人口自然增长率、第一产业从业人员比重、万人拥有水利专业人员和人均 GDP 17 个指标构建了农业水资源系统恢复力指标评价体系。采用自然断点法对农业水资源系统恢复力评价指标进行划分,指标等级标准如表 2-24 所示。

表 2-24　农业水资源系统恢复力等级标准划分

指标	恢复力等级			
	I	II	III	IV
人均水资源量/(10^4m^3/人)	<1.0	1.0～2.1	2.1～2.6	>2.6
地下水环境质量指数	>5.2	4.8～5.2	4.2～4.8	<4.2
年降水量/mm	<520	520～600	600～670	>670
气温/℃	<2.1	2.1～2.8	2.8～3.6	>3.6
水利资金总投入增长率/%	<12	12～125	125～245	>245
人均绿地面积/m^2	<7	7～20	20～37	>37
农药施用强度/(kg/hm^2)	>6.0	3.5～6.0	2.5～3.5	<2.5
森林覆盖率/%	<13.5	13.5～17	17～21	>21
单位耕地面积水资源量/(10^4m^3/km^2)	<3500	3500～5000	5000～7400	>7400
有效灌溉面积率/%	<54	54～85	85～92	>92
节灌率/%	<4.5	4.5～12	12～20	>20
耕地率/%	>60	43～60	33～43	<33
农业供水单方产值/(元/m^3)	<4	4～6.6	6.6～8.4	>8.4
人口自然增长率/%	>4.4	3～4.4	0.5～3	<0.5
第一产业从业人员比重/%	>75	66～75	55～66	<55
万人拥有水利专业人员/(人/10^4 人)	<13	13～37	37～64	>64
人均 GDP/元	<20000	20000～45000	45000～70000	>70000

利用 MATLAB2016R 编写程序,将建三江管理局各农场的优选评价指标值进行归一化,采用 SVM 评价模型计算 2015 年 15 个农场水资源系统恢复力指数,恢复力指数及其排序如表 2-25 所示。

表 2-25　SVM 评价模型对各农场农业水资源系统恢复力测度结果

农场	恢复力指数	排序	农场	恢复力指数	排序
八五九	2.3804	3	红卫	1.9662	9
胜利	2.3319	4	前哨	2.0324	7
七星	1.3065	15	前锋	2.0824	6
勤得利	2.2774	5	洪河	2.6998	1
大兴	1.5925	13	鸭绿河	1.9730	8
青龙山	1.4489	14	二道河	1.8298	10
前进	1.7322	11	浓江	2.4431	2
创业	1.5996	12	—	—	—

从表 2-25 计算结果中可以看出,洪河农场模拟值最大,计算结果为 2.6998,说明该农场的水资源系统恢复力最强,浓江农场次之,模拟值为 2.4431,计算结果最小的为七星农场,模拟值为 1.3065,说明该农场的水资源系统恢复力最弱,需要特别注意,水资源系统恢复力最强和最弱之间恢复力指数相差 1.3933,差异性显著。

将表 2-24 中各等级临界指标值作为一个样本集,进行统一归一化处理,归一化后数据代入上述所构建的 SVM 模型中,得到各等级相应的模拟区间,结果如表 2-26 所示。

表 2-26　基于 SVM 模型的农业水资源系统恢复力等级划分

恢复力等级	恢复力测度值
I	[0.4665,1.2120]
II	(1.2120,1.9742]
III	(1.9742,2.4650]
IV	(2.4650,2.9854]

参照上述等级划分和恢复力测度结果大小,将各个农场的农业水资源系统恢

复力进行划分，结果如表 2-27 所示。

表 2-27　各农场农业水资源系统恢复力等级

农场	恢复力等级	农场	恢复力等级
八五九	III	红卫	II
胜利	III	前哨	III
七星	II	前锋	III
勤得利	III	洪河	IV
大兴	II	鸭绿河	II
青龙山	II	二道河	II
前进	II	浓江	IV
创业	II	—	—

从表 2-27 评价结果可以看出，区域内洪河农场和浓江农场的水资源系统恢复力等级处于 IV 级，区域内水资源系统非常稳定，受到影响后能快速恢复平衡；八五九农场、胜利农场、勤得利农场、前哨农场及前锋农场水资源系统恢复力等级处于 III 级，区域内水资源系统稳定，受到外界影响后恢复平衡速度快；其余农场水资源系统恢复力等级处于 II 级，区域内水资源系统稳定性较差，受到外界影响后能恢复平衡，但是速度慢，通过 SVM 评价模型评价的水资源系统恢复力没有等级为 I 级的农场。虽然没有水资源系统恢复力为 I 级的农场存在，但是其农业水资源系统恢复能力仍需重视并加以保护。

2.10　粒子群优化-支持向量机评价模型

2.10.1　模型原理

SVM 评价模型中最优惩罚因子 C 和核函数参数 g 的选取尚无理论上的确定数值，为了在更大范围内搜索 C 和 g 两参数全局最优值，引入具有易操作、收敛速度快和全局寻优等特点的粒子群优化算法，粒子群优化算法是就鸟类觅食过程中的行为而提出的一种群体智能全局随机搜索算法[44]。粒子群优化-支持向量机（PSO-SVM）评价模型的具体实现步骤如下。

（1）进行算法参数的初始化，其中包括设置全局 c_1 和局部 c_2 的搜索能力参数、最大迭代次数 I_{max}、最大种群数量 N_{max} 和惯性权重 ω 等。

（2）确定 SVM 评价模型中最优惩罚因子 C 和核函数参数 g 的搜索范围，随机产生粒子的位置 $P(P_{i1},P_{i2},P_{i3},\cdots,P_{in})^{\mathrm{T}}$ 和速度 $V(V_{i1},V_{i2},V_{i3},\cdots,V_{in})^{\mathrm{T}}$，得到初始适应度值。

（3）计算适应度值，若初始化参数 C 和 g 满足误差要求，则得出结果，否则需要通过对粒子进行位置和速度更新，重新计算适应度值，直到满足 PSO 算法收敛停止为准则。

$$\begin{cases} \min f(C,g) = \dfrac{1}{n}\sum_{i=1}^{n}(y_i - \hat{y})^2 \\ \text{s.t. } C \in [C_{\min},C_{\max}], g \in [g_{\min},g_{\max}] \end{cases} \tag{2-84}$$

（4）确定最优惩罚因子 C 和核函数参数 g，运用 SVM 评价模型对测试样本进行预测。

粒子群优化-支持向量机建模流程如图 2-30 所示。

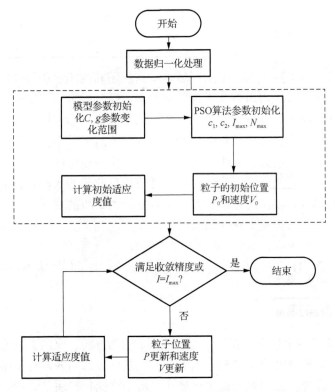

图 2-30　粒子群优化-支持向量机建模流程

2.10.2　实例应用

本节以黑龙江省建三江管理局所辖农场为研究区域，通过指标筛选原则，筛选出人均水资源量（I_1）、地下水环境质量指数（I_2）、年降水量（I_3）、气温（I_4）、水利资金总投入增长率（I_5）、人均绿地面积（I_6）、农药施用强度（I_7）、森林覆盖率（I_8）、单位耕地面积水资源量（I_9）、有效灌溉面积率（I_{10}）、节灌率（I_{11}）、耕地率（I_{12}）、农业供水单方产值（I_{13}）、人口自然增长率（I_{14}）、第一产业从业人员比重（I_{15}）、万人拥有水利专业人员（I_{16}）和人均 GDP（I_{17}）17 个指标构建了农业水资源系统恢复力指标评价体系。采用 PSO-SVM 评价模型计算 2015 年建三江管理局 15 个农场水资源系统恢复力指数，计算结果如表 2-28 所示。

表 2-28　PSO-SVM 评价模型对各农场农业水资源系统恢复力测度结果

农场	恢复力指数	排序	农场	恢复力指数	排序
八五九	2.3522	3	红卫	1.9515	8
胜利	2.3105	4	前哨	1.9992	7
七星	1.2202	15	前锋	2.0296	6
勤得利	2.2904	5	洪河	2.8173	1
大兴	1.5325	12	鸭绿河	1.9333	9
青龙山	1.3740	14	二道河	1.7755	10
前进	1.6693	11	浓江	2.5141	2
创业	1.5046	13	—	—	—

将表 2-24 中各等级临界指标值作为一个样本集，将归一化后的数据代入所构建的 PSO-SVM 评价模型中，得到各等级相应的恢复力测度值区间，结果如表 2-29 所示。

表 2-29　基于 PSO-SVM 评价模型的农业水资源系统恢复力等级划分

恢复力等级	恢复力测度值
I	[0.4728,1.1257]
II	(1.1257,1.9754]
III	(1.9754,2.4940]
IV	(2.4940,2.9783]

采用基于 PSO-SVM 评价模型，对样本数据进行回归预测，该改进模型需设定最优惩罚因子 C 和核函数参数 g 范围，设定 C 在[0.1,100]范围内，g 在[0.01,1000]，

利用更新粒子群位置 P 和速度 V 进行迭代寻优,经训练,最优惩罚因子 C_{best}=32,最优核函数参数 g_{best}=2。各农场农业水资源系统恢复力等级计算结果如表 2-30 所示。

表 2-30　各农场农业水资源系统恢复力等级

农场	恢复力等级	农场	恢复力等级
八五九	III	红卫	II
胜利	III	前哨	III
七星	II	前锋	III
勤得利	III	洪河	IV
大兴	II	鸭绿河	II
青龙山	II	二道河	II
前进	II	浓江	IV
创业	II	—	—

从表 2-30 可以看出,浓江农场和洪河农场的水资源系统恢复力的等级为IV级,表明两农场农业水资源相对稳定,在外界环境发生劣化趋势时自我恢复能力较强。从评价指标等级与农场评价等级分析可知,人均水资源量、年降水量、农药施用强度和单位耕地面积水资源量 4 个指标均为III级,因此在农业水资源系统恢复力保护方面应采取措施着重控制这些指标。恢复力III级的农场包括八五九农场、胜利农场、勤得利农场、前锋农场和前哨农场,表明这 5 个农场的农业水资源系统在受到破坏后,采取一定的措施能够较快恢复到平衡状态,系统相对比较稳定。从评价指标等级与农场评价等级分析可知,水利资金总投入增长率、农药施用强度、单位耕地面积水资源量、节灌率和万人拥有水利专业人员等指标大部分农场均处在 II 级,上述的指标需得到重视并采取保护措施。该区域中的七星农场、大兴农场、青龙山农场、前进农场、创业农场、红卫农场、鸭绿河农场和二道河农场 8 个农场的农业水资源系统恢复力的等级为 II 级,表明这些农场的农业水资源系统稳定性较差,受到影响后能恢复平衡,但是速度慢,急需加强保护,但从评级指标与农场评价等级分析,年降水量、单位耕地面积水资源量、耕地率和万人拥有水利专业人员等指标大多数农场均处在 I 级,需要我们高度关注,防止农场水资源系统恢复力等级趋向 I 级。

参 考 文 献

[1] 王顺久, 杨志峰, 丁晶. 关中平原地下水资源承载力综合评价的投影寻踪方法[J]. 资源科学, 2004, 26(6): 104-110.

[2] 刘姣. 复杂性视角下的红兴隆管理局农业水资源优化配置研究[D]. 哈尔滨: 东北农业大学, 2014.

[3] 梁旭. 恢复力约束下的区域水资源优化配置研究[D]. 哈尔滨: 东北农业大学, 2015.

[4] 田淑芳. 安徽省城镇化与服务业灰色关联分析[J]. 河北北方学院学报(社会科学版), 2017, 33(6): 53-56.

[5] 牛俊磊, 程龙生. 采用优化模型指标筛选的马田系统综合评价方法研究[J]. 数学的实践与认识, 2015, 45(17): 1-12.

[6] 张德彬, 刘国东, 王亮, 等. 基于博弈论组合赋权的 TOPSIS 模型在地下水水质评价中的应用[J]. 长江科学院院报, 2018, 35(7): 46-50, 62.

[7] 朱珠, 张琳, 叶晓雯, 等. 基于 TOPSIS 方法的土地利用综合效益评价[J]. 经济地理, 2012, 32(10): 139-144.

[8] 王先甲, 汪磊. 基于马氏距离的改进型 TOPSIS 在供应商选择中的应用[J]. 控制与决策, 2012, 27(10): 1566-1570.

[9] Shi T, Jiang W, Luo P. A method of clustering ensemble based on grey relation analysis[J]. Wireless Personal Communications, 2018, 103(1): 871-885.

[10] 刘星毅. 基于马氏距离和灰色分析的缺失值填充算法[J]. 计算机应用, 2009, 29(9): 2502-2504.

[11] Liu D, Liu C, Fu Q, et al. Projection pursuit evaluation model of regional surface water environment based on improved chicken swarm optimization algorithm[J]. Water Resources Management, 2018, 32(4): 1325-1342.

[12] 山成菊, 董增川, 樊孔明, 等. 组合赋权法在河流健康评价权重计算中的应用[J]. 河海大学学报(自然科学版), 2012, 40(6): 622-628.

[13] Zadeh L A. Fuzzy Sets[J]. Information & Control, 1965, 8(3):338-353.

[14] 陈守煜. 水资源与防洪系统可变模糊集理论与方法[M]. 大连: 大连理工大学出版社, 2005.

[15] Sun C Z, Hu D L, Yang L. Recovery capacity of groundwater system in lower Liaohe River Plain[J]. Advances in Science & Technology of Water Resources, 2011, 31(5): 5-10.

[16] 李鸿吉. 模糊数学基础及实用算法[M]. 北京: 科学出版社, 2005.

[17] 付强. 数据处理方法及其农业应用[M]. 北京: 科学出版社, 2006.

[18] 王磊, 高茂庭. 基于 CRITIC 权与灰色关联的隐写分析算法综合评估[J]. 计算机工程, 2017, 43(4): 154-159.

[19] 韩守杰, 王玉雅. 基于海明贴近度的城市供水方案模糊物元优选模型[J]. 水电能源科学, 2016(8): 161-164.

[20] Kruskal J B. Toward a practical method which helps uncover the structure of a set of multivariate observations by finding the linear transformation which optimizes a new "index of condensation" [C]. New York: Academic Press, 1969.

[21] 巩奕成, 张永祥, 任仲宇, 等. 基于投影寻踪和模糊物元组合模型的地下水水质评价[J]. 北京工业大学学报, 2014, 40(9): 1402-1407.

[22] Holland J H. Adaptation in natural and artificial systems: an introductory analysis with applications to biology, control, and artificial intelligence[M]. Michigan: University of Michigan Press, 1975.

[23] 金菊良, 杨晓华. 基于实数编码的加速遗传算法[J]. 四川大学学报(工程科学版), 2000, 32(4): 20-24.

[24] 付强, 金菊良. 基于实码加速遗传算法的投影寻踪分类模型在水稻灌溉制度优化中的应用[J]. 水利学报, 2002(10): 39-45.

[25] 王联国, 洪毅, 赵付青, 等. 一种改进的人工鱼群算法[J]. 计算机工程, 2008, 34(19): 192-194.

[26] 武秋晨, 刘东. 等概率粗粒化 LZC 算法在降水变化复杂性研究中的应用[J]. 中国农村水利水电, 2013(5): 1-5, 10.

[27] 武秋晨. 红兴隆管理局农业水文要素复杂性测度及其发展态势研究[D]. 哈尔滨: 东北农业大学, 2014.

[28] Chu S C, Tsai P W. Pan J S. Cat swarm optimization[J]. Lecture Notes in Computer Science, 2006, 6: 854-858.

[29] Chu S C, Tsai P W. Computational intelligence based on the behavior of cats[J]. International Journal of Innovative Computing, Information and Control, 2007, 3(1): 163-173.

[30] 马知也, 施秋红. 猫群算法研究综述[J]. 甘肃广播电视大学学报, 2014, 24(2): 41-45.

[31] Yang X S. Nature-inspired metaheuristic algorithms[M]. Beckington: Luniver Press, 2010.

[32] 付强, 杨广林, 金菊良. 基于 PPC 模型的农机选型与优序关系研究[J]. 农业机械学报, 2003, 34(1): 101-103.

[33] Kennedy J, Eberhart R C. Particle swarm optimization[C]//Proceedings of IEEE International Conference On Neural Networks. Perth, Australia; IEEE, 1995: 1942-1948.

[34] 曹伟征, 李光轩, 张玉国, 等. 基于 PSR 和 PSO 的区域地下水埋深 ELM 预测模型[J]. 水利水电技术, 2018, 49(6): 50-56.

[35] Geng J, Li M W, Dong Z H, et al. Port throughput forecasting by MARS-R SVR with chaotic simulated annealing particle swarm optimization algorithm[J]. Neurocomputing, 2015, 147(1): 239-250.

[36] Meng X B, Liu Y, Gao X Z, et al. A new bio-inspired algorithm: chicken swarm optimization[M]. Cham: Springer, 2014.

[37] 张凯, 彭辉. 基于鸡群算法参数优化的改进 GM(1,1)模型的变压器绝缘水平预测[J]. 水电能源科学, 2019, 37(1): 164-167.

[38] 孔飞, 吴定会. 一种改进的鸡群算法[J]. 江南大学学报(自然科学版), 2015, 14(6): 681-688.

[39] 付强. 黑龙江省半干旱区水土资源可持续利用研究[M]. 北京: 中国水利水电出版社, 2010.

[40] Liu X H, Xu Y G, Guo D Y, et al. Mill gear box of intelligent diagnosis based on support vector machine parameters optimization[J]. Applied Mechanics & Materials, 2015, 697: 239-243.

[41] Vapnik V. The nature of statistical learning theory[M]. New York: Springer, 1995.

[42] Besalatpour A, Hajabbasi M, Ayoubi S, et al. Prediction of soil physical properties by optimized support vector machines[J]. International Agrophysics, 2012, 26(2): 109-115.

[43] 刘菁扬, 粟晓玲. 基于支持向量机的井渠结合灌区地表水地下水合理配置[J]. 节水灌溉, 2015(7): 50-53.

[44] 郁磊, 史峰, 王辉, 等. MATLAB 智能算法——30 个案例分析[M]. 北京: 北京航空航天大学出版社, 2011.

第3章 区域农业水资源系统恢复力驱动机制研究方法及实例应用

3.1 驱动机制研究方法

农业水资源与社会、经济、生态环境相耦合构成的系统，是不断发展的多层次的复杂巨系统。各个系统之间相互影响，生态环境系统为社会系统提供生存环境，水资源系统支持社会系统的生存，经济系统为社会系统提供生存的物质条件，因此区域农业水资源系统恢复力评价指标体系的构建应从农业水资源、社会、经济、生态环境四个子系统相互依存和相互作用的关系开始研究。对于驱动机制的研究主要包括两方面：一是识别自身变化使得整个系统恢复力产生较大变化的因子，即关键因子；二是定量分析各个关键因子对系统恢复力的作用机制。农业水资源系统恢复力演化的驱动因子就是指能够对系统产生影响的因子。目前对驱动机制的研究主要有以下三种方法[1]。

（1）定性分析法。

定性分析法是指利用基本概念、重要特征及相关因素来定性描述系统恢复力的方法，是分析驱动机制的研究基础。

（2）数理统计分析法。

数理统计分析法是指通过不同类型方法对数据进行数值分析从而得到影响系统恢复力的关键因子的方法。数理统计分析法能够有效地将复杂问题简单化，以便能够准确快速地找到复杂系统中存在的主要问题及问题的主要表现方式，因此，具有较为广泛的应用性。比较常见的数理统计分析法有主成分分析法[2-3]、决策试验与评价实验室法[4-5]、线性回归分析[6-7]等及各类组合模型[8-9]。采用数理统计分析法需要因子尽可能准确与全面。

（3）统计分析法。

统计分析法即采用系统论以各驱动因子为一个系统，讨论整个系统内整体与局部、局部因子间有关结构、功能间的联系，可以有效地避免单因子分析的缺点。

下面对数理统计分析法中的主成分分析法、决策试验与评价实验室法进行介绍，并对区域农业水资源系统恢复力驱动机制进行探索研究。

3.1.1 主成分分析法

主成分分析（principal component analysis，PCA）法的原理是以少数指标代替众多相关性较大的原始指标[10]，在尽可能保留变量原始信息含量的基础上降低变量的维度[11]，以较少的重要因子揭示某种现象，其基本计算步骤如下[12-13]。

（1）数据标准化：

$$x_{ij}^* = (x_{ij} - \overline{x}_i) / \sigma_i \tag{3-1}$$

式中，x_{ij}——指标数据；

x_{ij}^*——标准化后指标数据；

$\overline{x}_i$、σ_i——第 i 个指标的均值与标准差。

（2）计算相关系数矩阵 r_{ij}：

$$r_{ij} = \frac{\sum_{i=1}^{n}(x_{ki}^* - \overline{x}_i^*)(x_{kj}^* - \overline{x}_j^*)}{\sqrt{\sum_{i=1}^{n}(x_{ki}^* - \overline{x}_i^*)^2 (x_{kj}^* - \overline{x}_j^*)^2}} \tag{3-2}$$

式中，x_{ki}^*、x_{kj}^*——指标数据集中第 i、j 个指标中第 k 个指标的标准化值；

$\overline{x}_i^*$、$\overline{x}_j^*$——指标数据集中第 i、j 个指标标准化后的指标均值。

（3）计算特征值与特征向量：

通过求解特征方程 $|\lambda I - R| = 0$，求出特征值 $\lambda_1, \lambda_2, \cdots, \lambda_n$，并将其按照从大到小的顺序排列，同时求得对应的特征向量 $u_1, u_2, \cdots, u_n$。

（4）计算方差贡献率 e_m 与累积贡献率 E_m：

$$e_m = \frac{\lambda_j}{\sum_{j=i}^{p} \lambda_j} \tag{3-3}$$

$$E_m = \frac{\sum_{j=i}^{m} \lambda_j}{\sum_{j=i}^{p} \lambda_j} \tag{3-4}$$

（5）确定主成分个数：

一般选取累积贡献率达到 85%以上的前 m 个成分为主成分。

（6）主成分表达式：

$$F_i = a_{1i}x_{1i}^* + a_{2i}x_{2i}^* + \cdots + a_{pi}x_{pi}^*, \quad i = 1, 2, \cdots, m \tag{3-5}$$

式中，a_p——因子得分值。

（7）计算驱动力指数：

$$F = e_1 F_1 + e_2 F_2 + \cdots + e_m F_m \tag{3-6}$$

式中，e_m——第 m 个成分的方差贡献率。

3.1.2　决策试验与评价实验室法

决策试验与评价实验室[14]（decision making trial and evaluation laboratory，DEMATEL）法是 1971 年由美国学者提出的，是利用矩阵论与图论的原理分析系统因素间的因果关系，并提取重要性因素的一种系统驱动机制分析的方法[15-16]。具体实现需要先构建系统各因素间的直接影响矩阵从而明确其逻辑关系，然后计算不同因素间相互影响程度，最终经过一系列计算得到各因素的中心度与原因度[17]，并根据与每个因素所对应的中心度与原因度的大小，得出该因素所属种类（原因因素或结果因素）[18]。DEMATEL 法的具体步骤如下[19]。

（1）构建直接影响矩阵 Y。

以数字"0""1""2""3"分别代表"无影响""影响弱""影响中""影响强"，用以表示各因素间的相互影响程度，构造直接影响矩阵 Y。

$$Y = \begin{bmatrix} 0 & y_{12} & \cdots & y_{1n} \\ y_{21} & 0 & \cdots & y_{2n} \\ \vdots & \vdots & & \vdots \\ y_{n1} & y_{n2} & \cdots & 0 \end{bmatrix} = \left(y_{ij} \right)_{n \times n} \tag{3-7}$$

式中，y_{ij}——第 i 个因素对第 j 个因素的直接影响程度，$1 \leqslant i \leqslant n$，$1 \leqslant j \leqslant n$。

（2）矩阵 Y 标准化得到矩阵 G：

$$G = Y \Big/ \max_{1 \leqslant i \leqslant n} \sum_{j=1}^{n} y_{ij} = \left(g_{ij} \right)_{n \times n} \tag{3-8}$$

（3）构建综合影响矩阵 Z：

$$Z = G + G^2 + \cdots + G^n = \left(z_{ij} \right)_{n \times n} \tag{3-9}$$

式中，若 n 足够大，可采用 $Z = G(E - G)^{-1}$ 近似计算。

（4）计算影响度 A、被影响度 B、中心度 M 和原因度 U。

某项因素对其他所有因素的综合影响用影响度 A 表示，为矩阵 Z 的各行元素之和。某项元素受到其他因素的综合影响用被影响度 B 表示，为矩阵 Z 的各列之和。某项因素在整个系统中的重要程度用中心度 M 表示，为影响度 A 与被影响度 B 之和。某项因素与其他因素的因果关系逻辑程度用原因度 U 表示，为影响度 A 与被影响度 B 之差，该值为正数时该因素被称为原因因素，表示该因素对其他因素产生较强影响；该值为负数时该因素被称为结果因素，表示其他因素对该因素带来的影响程度较大。计算步骤如下：

$$A_i = \sum_{j=1}^{n} z_{ij} \tag{3-10}$$

$$B_j = \sum_{i=1}^{n} z_{ij} \tag{3-11}$$

$$M = A_i + B_j \tag{3-12}$$

$$U = A_i - B_j \tag{3-13}$$

（5）绘制所得恢复力因素原因-结果图，得出各因素的重要性排序。

3.2　实例应用

3.2.1　基于 PCA 法的水资源系统恢复驱动力解析

采用 PCA 法计算驱动因子并选出关键因子，该方法计算结果更直观地反映了驱动因子对水资源系统恢复力的影响作用。根据数据获取程度及指标，选择采用 1998 年、2003 年、2008 年、2010 年和 2011 年统计数据，研究红兴隆管理局所辖农场农业水资源系统恢复力驱动机制，计算农业水资源系统恢复力驱动指数，为区域水资源可持续利用提供科学保障。

本节以五九七农场为例，对红兴隆管理局所辖农场农业水资源系统恢复力驱动机制进行分析，结合红兴隆管理局水资源利用的实际情况，选取降水量(V_1)、人口自然增长率(V_2)、森林覆盖率(V_3)、人口密度(V_4)、人均 GDP(V_5)、单位耕地面积农药施用量(V_6)、人均水量(V_7)、农业总产值占 GDP 比重(V_8)、有效灌溉面积比重(V_9)、粮食单产(V_{10})、单位耕地面积化肥施用量(V_{11})、人均纯收入(V_{12})、单位耕地面积机电井量(V_{13})、耕地面积占土地面积比例(V_{14})、单位耕地面积排灌站量(V_{15})、农业用水占总用水(V_{16})和水利资金总投入(V_{17})17 个因素进行分析。根据上述 5 年的数据进行计算，得出各因子相关系数矩阵，见表 3-1。

表 3-1　相关系数矩阵

	V_1	V_2	V_3	V_4	V_5	V_6	V_7	V_8	V_9	V_{10}	V_{11}	V_{12}	V_{13}	V_{14}	V_{15}	V_{16}	V_{17}
V_1	1.00																
V_2	0.70	1.00															
V_3	0.48	-0.26	1.00														
V_4	0.30	0.36	0.21	1.00													
V_5	-0.03	0.24	-0.58	-0.76	1.00												
V_6	-0.44	-0.31	-0.46	-0.96	0.84	1.00											
V_7	-0.39	-0.38	-0.30	-0.99	0.79	0.99	1.00										
V_8	-0.46	-0.42	-0.34	-0.96	0.78	0.99	0.99	1.00									

续表

	V_1	V_2	V_3	V_4	V_5	V_6	V_7	V_8	V_9	V_{10}	V_{11}	V_{12}	V_{13}	V_{14}	V_{15}	V_{16}	V_{17}
V_9	-0.24	-0.01	-0.54	-0.90	0.91	0.93	0.90	0.87	1.00								
V_{10}	0.31	0.70	-0.24	0.86	-0.36	-0.73	-0.83	-0.81	-0.56	1.00							
V_{11}	0.43	0.64	0.02	0.88	-0.55	-0.85	-0.91	-0.93	-0.64	0.92	1.00						
V_{12}	-0.15	0.25	-0.71	-0.74	0.96	0.83	0.76	0.74	0.95	-0.29	-0.45	1.00					
V_{13}	-0.29	-0.32	-0.26	-1.00	0.81	0.97	0.99	0.97	0.92	-0.83	-0.88	0.77	1.00				
V_{14}	-0.52	0.21	-0.99	-0.18	0.55	0.45	0.29	0.34	0.49	0.24	-0.04	0.67	0.24	1.00			
V_{15}	-0.81	-0.34	-0.79	-0.61	0.60	0.80	0.70	0.76	0.70	-0.35	-0.57	0.69	0.64	0.80	1.00		
V_{16}	-0.81	-0.34	-0.79	-0.61	0.59	0.79	0.70	0.75	0.70	-0.35	-0.56	0.69	0.63	0.81	0.99	1.00	
V_{17}	-0.40	-0.04	-0.69	-0.84	0.87	0.92	0.86	0.85	0.97	-0.47	-0.58	0.95	0.86	0.65	0.82	0.82	1.00

根据表 3-1 可知,这 17 个指标之间具有一定的相关性。其中 V_5 与 V_9,V_5 与 V_{12},V_6 与 V_7,V_6 与 V_8,V_6 与 V_9,V_6 与 V_{13} 相关系数分别为 0.91,0.96,0.99,0.99,0.93,0.97;V_7 与 V_8,V_7 与 V_9,V_7 与 V_{13},V_8 与 V_{13},V_9 与 V_{12},V_9 与 V_{13},V_9 与 V_{17},V_{10} 与 V_{11},V_{12} 与 V_{17},V_{15} 与 V_{16} 相关系数分别为 0.99,0.90,0.99,0.97,0.95,0.92,0.97,0.92,0.95,0.99,因此可进行因子分析。

由表 3-2 可知,前三个公共因子的特征值分别为 11.267、3.343、2.194,贡献率分别为 66.276%、19.667%、12.905%,累积贡献率达到 98.849%,大于主成分分析法要求的贡献率值(85%),所以可用这三个公共因子为代表对水资源系统恢复力进行计算。

表 3-2 特征值和贡献率

成分	特征值	贡献率%	累积贡献率%
1	11.267	66.276	66.276
2	3.343	19.667	85.943
3	2.194	12.905	98.849
4	0.196	1.151	100.000
5	5.702×10^{-16}	3.354×10^{-15}	100.000
6	3.953×10^{-16}	2.326×10^{-15}	100.000
7	2.916×10^{-16}	1.715×10^{-15}	100.000
8	1.710×10^{-16}	1.006×10^{-15}	100.000
9	9.925×10^{-17}	5.838×10^{-16}	100.000
10	7.988×10^{-17}	4.699×10^{-16}	100.000
11	-2.717×10^{-17}	-1.598×10^{-16}	100.000
12	-3.713×10^{-17}	-2.184×10^{-16}	100.000
13	-1.145×10^{-16}	-6.738×10^{-16}	100.000

续表

成分	特征值	贡献率%	累积贡献率%
14	-1.926×10^{-16}	-1.133×10^{-15}	100.000
15	-2.914×10^{-16}	-1.714×10^{-15}	100.000
16	-4.133×10^{-16}	-2.431×10^{-15}	100.000
17	-5.031×10^{-16}	-2.959×10^{-15}	100.000

从图 3-1 可以得出公共因子特征值的变化趋势，其特征值越小则对原有变量的贡献越小，因此提取前三个公共因子用来解释分析五九七农场水资源系统恢复力驱动因子。

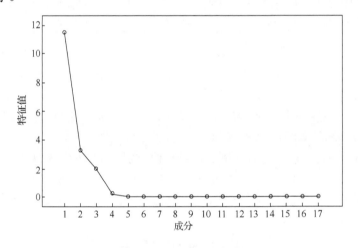

图 3-1　公共因子碎石图

驱动因子对水资源系统恢复力作用程度与主成分荷载系数成正比。从表 3-3 可知，第一公共因子与单位耕地面积农药施用量、人均水资源量、人均 GDP 单位耕地面积化肥施用量、有效灌溉面积率、人均纯收入呈正相关，且主成分荷载系数大于 0.9，从表 3-4 可以看出在旋转后其值大于 0.8，代表其对五九七农场水资源系统恢复力有重要影响。

表 3-3　主成分荷载系数矩阵

指标	成分		
	1	2	3
V_1	-0.511	-0.046	0.856
V_2	-0.294	0.676	0.676
V_3	-0.551	-0.814	0.184
V_4	-0.921	0.324	-0.192

指标	成分		
	1	2	3
V_5	0.833	0.249	0.458
V_6	0.993	−0.093	0.069
V_7	0.961	−0.255	0.108
V_8	0.967	−0.232	0.021
V_9	0.934	0.095	0.300
V_{10}	−0.665	0.744	−0.005
V_{11}	−0.804	0.539	0.067
V_{12}	0.852	0.379	0.360
V_{13}	0.939	−0.272	0.211
V_{14}	0.542	0.797	−0.253
V_{15}	0.858	0.290	−0.424
V_{16}	0.857	0.292	−0.424
V_{17}	0.947	0.233	0.123

表 3-4　主成分荷载旋转矩阵

指标	成分		
	1	2	3
V_1	−0.079	−0.590	0.801
V_2	−0.212	0.156	0.964
V_3	−0.120	−0.983	−0.140
V_4	−0.972	−0.120	0.179
V_5	0.807	0.440	0.347
V_6	0.905	0.383	−0.183
V_7	0.948	0.224	−0.224
V_8	0.912	0.277	−0.287
V_9	0.883	0.422	0.118
V_{10}	−0.822	0.273	0.496
V_{11}	−0.842	0.016	0.482
V_{12}	0.740	0.587	0.325
V_{13}	0.976	0.163	−0.140
V_{14}	0.090	0.989	0.075
V_{15}	0.464	0.799	−0.383
V_{16}	0.462	0.800	−0.382
V_{17}	0.777	0.602	0.034

根据式（3-5）和表 3-5 得出因子得分函数 F_1、F_2 和 F_3：

$F_1=0.121V_1+0.031V_2+0.075V_3-0.137V_4+0.121V_5+0.097V_6+0.118V_7+0.101V_8+0.115V_9$
　　$-0.127V_{10}-0.104V_{11}+0.091V_{12}+0.137V_{13}-0.086V_{14}-0.041V_{15}-0.042V_{16}+0.070V_{17}$

$F_2=-0.172V_1+0.039V_2-0.248V_3+0.069V_4+0.021V_5+0.009V_6-0.037V_7-0.017V_8+0.014V_9$
　　$+0.150V_{10}+0.083V_{11}+0.069V_{12}-0.059V_{13}+0.255V_{14}+0.175V_{15}+0.176V_{16}+0.076V_{17}$

$F_3=0.332V_1+0.336V_2-0.040V_3-0.010V_4+0.199V_5-0.005V_6-0.013V_7-0.043V_8+0.114V_9$
　　$+0.120V_{10}+0.120V_{11}+0.180V_{12}+0.025V_{13}+0.011V_{14}-0.135V_{15}-0.135V_{16}+0.066V_{17}$

$F= (66.276F_1+19.667F_2+12.905F_3)/98.849$。

表 3-5　因子得分矩阵

指标	成分		
	1	2	3
V_1	0.121	-0.172	0.332
V_2	0.031	0.039	0.366
V_3	0.075	-0.248	-0.040
V_4	-0.137	0.069	-0.010
V_5	0.121	0.021	0.199
V_6	0.097	0.009	-0.005
V_7	0.118	-0.037	-0.013
V_8	0.101	-0.017	-0.043
V_9	0.115	0.014	0.114
V_{10}	-0.127	0.150	0.120
V_{11}	-0.104	0.083	0.120
V_{12}	0.091	0.069	0.180
V_{13}	0.137	-0.059	0.025
V_{14}	-0.086	0.255	0.011
V_{15}	-0.041	0.175	-0.135
V_{16}	-0.042	0.176	-0.135
V_{17}	0.070	0.076	0.066

根据上述方法分别对友谊农场、五九七农场、八五二农场、八五三农场、饶河农场、二九一农场、双鸭山农场、江川农场、曙光农场、北兴农场、红旗岭农场和宝山农场 12 个农场进行驱动机制分析，得到各农场水资源系统恢复力驱动指数和主要影响因子，见表 3-6 和表 3-7。

表 3-6　恢复力驱动指数

农场	1998 年	2003 年	2005 年	2010 年	2011 年
友谊	0.4943	0.3469	0.4628	0.7419	0.8630
五九七	1.3886	0.9390	1.0085	1.9150	1.6118
八五二	0.6264	0.5235	0.7425	1.2138	1.3799
八五三	0.3367	0.2930	0.4931	0.7312	0.9163
饶河	0.3196	0.5197	1.3084	1.3737	1.4181
二九一	1.1312	0.5941	1.0229	1.6651	1.6868
双鸭山	0.9616	0.5922	0.5877	0.9388	1.0662
江川	0.1950	0.0467	0.0709	0.1763	0.1986
曙光	0.8981	0.5401	0.7322	1.2065	1.5136
北兴	0.2367	0.2797	0.4618	0.6344	0.6557
红旗岭	0.2982	0.6158	0.5842	1.0076	1.0211
宝山	0.2774	0.0721	0.1266	0.1912	0.3731

表 3-7　各农场主要影响因子

农场	影响因子
友谊	森林覆盖率、单位耕地面积农药施用量、人均水资源量、人均 GDP、有效灌溉面积率、粮食单产、单位耕地面积化肥施用量、农业用水比重、耕地面积比重、人均纯收入、水利资金总投入
五九七	单位耕地面积农药施用量、人均水资源量、单位耕地面积化肥施用量、人均纯收入、有效灌溉面积率、人均 GDP
八五二	人均水资源量、人均 GDP、单位耕地面积化肥施用量、人均纯收入
八五三	人均水资源量、单位耕地面积化肥施用量、粮食单产、水利资金总投入
饶河	人均 GDP、单位耕地面积化肥施用量、粮食单产、耕地面积比重
二九一	人均水资源量、粮食单产、耕地面积比重
双鸭山	单位耕地面积化肥施用量、粮食单产、耕地面积比重、水利资金总投入
江川	森林覆盖率、人口密度、单位耕地面积化肥施用量、农业用水比重、耕地面积比重、单位耕地面积机电井量

续表

农场	影响因子
曙光	人均水资源量、单位耕地面积化肥施用量、粮食单产、耕地面积比重
北兴	人均水资源量、单位耕地面积化肥施用量、粮食单产、耕地面积比重
红旗岭	人均 GDP、粮食单产、水利资金总投入
宝山	单位耕地面积农药施用量、有效灌溉面积比重、农业总产值占 GDP 比重

　　根据表 3-6 得出 1998 年到 2003 年，大部分农场水资源恢复力驱动指数呈降低趋势，2005 年到 2011 年呈升高趋势。根据表 3-6 将农业水资源系统恢复力驱动指数分为 5 个等级，一级、二级、三级、四级和五级，级别越高，说明农业水资源系统恢复力驱动作用越强。绘制 1998 年和 2011 年红兴隆管理局各农场用水结构驱动指数的时间分布图（图 3-2 和图 3-3）。

　　由图 3-2 和图 3-3 可以看出，从 1998 年到 2011 年江川农场和宝山农场虽然保持在一级，但是其驱动指数也在逐渐提高，北兴农场驱动指数由一级变为二级，红旗岭农场和八五三农场驱动指数由一级变为三级，双鸭山农场驱动指数保持三级不变但值有所提高，曙光农场驱动指数由三级变为四级，二九一农场驱动指数由三级变为五级，五九七农场驱动指数由四级变为五级，饶河农场驱动指数由一级变为四级，说明水资源开发利用力度较大，应采取相应的措施保证水资源的可持续发展规划。

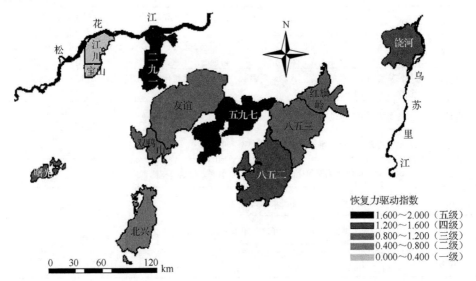

图 3-2　1998 年农业水资源系统恢复力驱动指数分布图（见书后彩图）

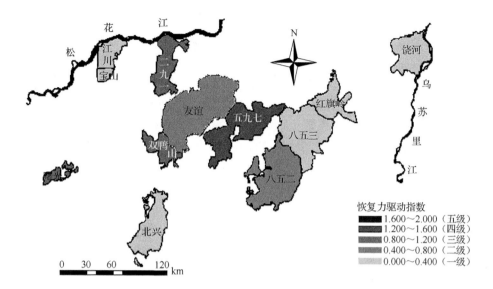

图 3-3　2011 年农业水资源系统恢复力驱动指数分布图（见书后彩图）

由于当地水利设备不完善，且主要靠地下水补给，对当地水资源的开发利用造成了不良效应。根据表 3-7 可知，单位耕地面积农药施用量、人均水资源量、人均 GDP、有效灌溉面积率、粮食单产、单位耕地面积化肥施用量、农业用水比重、耕地面积比重、水利资金总投入等因子在总体上具有重要作用，对当地农业水资源系统恢复力驱动作用较强。

3.2.2　基于 DEMATEL 法的农业水资源系统恢复驱动力解析

建三江管理局所辖农场农业水资源系统恢复力影响因素众多，而且它们之间的相互关系又非常复杂，为了明确这些驱动因子的相互关系，并确定每个驱动因子对农业水资源系统恢复力的驱动力，应用 DEMATEL 法分别对建三江管理局 15 个农场进行分析，通过计算各种驱动因子的综合影响系数并绘制驱动因子的原因-结果图，找出影响各农场水资源系统恢复力的主要驱动因子，结合模糊综合模型对系统恢复过程中的作用机制与效应进行探讨，揭示区域农业水资源系统恢复力综合驱动机制，进而提出恢复力建设路径。DEMATEL 法的原理是充分利用专家的经验和知识来处理复杂问题[20]。根据这一原则，以建三江管理局各农场的专家和农户为对象，将影响农业水资源系统恢复力的指标体系整理成调查问卷的形式，针对调查结果中是否有 50%以上认为某两个因素之间存在直接影响或间接影响来确定各因素之间的影响关系，最后将统计数据汇总。

遵循评价指标体系优选原则，筛选出以下因素构建农业水资源系统恢复力评价指标体系：气温（R_1）、蒸发量（R_2）、产水模数（R_3）、产水系数（R_4）、人均水资源量（R_5）、单位耕地面积水资源量（R_6）、年降水量（R_7）、水资源总量（R_8）、水资源开发利用率（R_9）、供水模数（R_{10}）、水库塘占有率（R_{11}）、供水设施完好率（R_{12}）、单位面积农田灌溉用水量（R_{13}）、生活用水额（R_{14}）、万元地区生产总值用水量（R_{15}）、水利科研经费年投入增长率（R_{16}）、节灌率（R_{17}）、水资源费收取率（R_{18}）、主要农业污染物排放量（R_{19}）、化肥施用强度（R_{20}）、工业废水排放量（R_{21}）、城镇生活废水排放量（R_{22}）、污染率（R_{23}）、植被覆盖率（R_{24}）、生态环境用水率（R_{25}）、城镇灌溉绿地定额（R_{26}）、迁出率（R_{27}）、人口自然增长率（R_{28}）、耕地率（R_{29}）、公众满意度（R_{30}）、学龄儿童入学率（R_{31}）、农业供水单方产值（R_{32}）。以八五九农场为例对建三江管理局各农场水资源系统恢复力驱动机制进行分析。

（1）构建直接影响矩阵 Y。

确定各驱动因子之间的相互影响关系，通过专家调查的方法确定各农业水资源系统恢复力驱动因子之间的影响关系，然后构造直接影响矩阵 Y，具体见表 3-8。

表 3-8　直接影响矩阵表

驱动因子	R_1	R_2	R_3	R_4	R_5	R_6	R_7	R_8	R_9	R_{10}	R_{11}
R_1	0	3	0	2	1	1	2	1	0	0	0
R_2	0	0	1	1	1	1	2	2	1	1	0
R_3	1	1	0	1	1	2	3	3	3	1	1
R_4	1	1	1	0	1	2	3	3	3	1	1
R_5	1	1	0	0	0	0	0	0	2	0	1
R_6	1	1	0	1	1	0	3	3	3	1	1
R_7	2	2	2	3	2	2	0	2	2	2	1
R_8	0	3	3	2	3	3	1	0	2	3	1
R_9	0	0	2	1	2	2	0	2	0	2	2
R_{10}	0	0	0	0	3	1	0	0	2	0	1
R_{11}	0	0	0	0	0	0	0	1	2	1	0
R_{12}	0	0	0	0	1	0	0	1	3	3	0
R_{13}	0	0	0	0	0	0	0	0	0	0	0
R_{14}	0	0	0	0	3	0	0	0	1	2	2
R_{15}	0	0	0	0	0	0	0	0	0	0	0
R_{16}	0	0	0	0	1	1	0	0	3	1	1
R_{17}	0	0	1	0	0	0	0	0	3	1	0
R_{18}	0	0	0	0	0	0	0	0	1	0	0
R_{19}	0	0	0	0	0	0	0	0	0	0	0
R_{20}	0	0	0	0	0	0	0	0	1	0	0

续表

驱动因子	R_1	R_2	R_3	R_4	R_5	R_6	R_7	R_8	R_9	R_{10}	R_{11}
R_{21}	0	0	0	0	0	0	0	0	1	0	0
R_{22}	2	2	1	1	1	1	2	1	0	0	0
R_{23}	1	1	0	0	0	0	0	0	0	0	0
R_{24}	0	0	0	0	0	0	0	0	0	0	0
R_{25}	0	0	0	0	3	0	0	0	0	0	0
R_{26}	0	0	0	0	3	0	0	0	0	0	0
R_{27}	0	0	0	0	3	0	0	0	0	0	0
R_{28}	0	0	0	0	0	0	0	0	0	0	0
R_{29}	0	0	0	0	0	0	0	0	0	0	0
R_{30}	0	0	0	0	0	0	0	0	0	0	0
R_{31}	0	0	0	0	0	0	0	0	0	0	0
R_{32}	0	0	0	0	0	0	0	0	1	0	0

驱动因子	R_{12}	R_{13}	R_{14}	R_{15}	R_{16}	R_{17}	R_{18}	R_{19}	R_{20}	R_{21}	R_{22}
R_1	0	0	1	2	1	1	0	0	0	0	1
R_2	0	1	1	1	2	1	0	0	0	1	1
R_3	1	1	1	1	1	1	0	0	0	1	1
R_4	1	1	1	1	1	1	0	0	0	1	1
R_5	0	1	0	0	2	2	0	0	3	1	1
R_6	1	1	1	1	1	1	0	0	0	1	1
R_7	0	3	2	2	2	2	0	0	0	2	3
R_8	1	3	2	2	2	3	0	0	0	2	3
R_9	0	1	1	1	2	2	1	1	1	1	1
R_{10}	3	1	3	1	2	2	0	0	1	1	0
R_{11}	1	0	0	0	0	0	0	0	0	0	1
R_{12}	0	1	1	0	3	3	0	0	0	0	0
R_{13}	0	0	0	0	0	3	0	0	0	0	0
R_{14}	0	0	0	0	0	2	0	0	3	2	0
R_{15}	0	0	1	0	2	3	0	2	2	2	1
R_{16}	3	0	0	1	0	3	3	3	3	3	3
R_{17}	2	3	0	3	2	0	0	0	0	0	0
R_{18}	0	0	1	0	3	3	0	0	0	3	0
R_{19}	0	0	1	0	3	3	0	0	0	3	0

续表

驱动因子	R_{12}	R_{13}	R_{14}	R_{15}	R_{16}	R_{17}	R_{18}	R_{19}	R_{20}	R_{21}	R_{22}
R_{20}	0	0	3	0	1	1	0	0	0	3	0
R_{21}	0	0	1	0	3	3	0	0	0	0	0
R_{22}	0	1	1	0	2	2	0	0	0	0	0
R_{23}	0	0	0	0	3	2	0	0	0	0	3
R_{24}	0	0	0	0	3	2	0	0	0	0	2
R_{25}	0	0	3	0	0	0	1	1	3	1	2
R_{26}	0	0	3	0	0	0	1	1	3	1	2
R_{27}	0	0	3	0	0	0	1	1	3	1	2
R_{28}	0	3	0	0	1	3	3	0	0	1	2
R_{29}	0	0	0	0	0	0	0	0	0	0	0
R_{30}	0	0	0	0	0	0	0	0	0	0	0
R_{31}	0	0	0	0	0	0	0	0	0	0	0
R_{32}	0	2	0	0	2	2	3	0	0	1	0

驱动因子	R_{23}	R_{24}	R_{25}	R_{26}	R_{27}	R_{28}	R_{29}	R_{30}	R_{31}	R_{32}
R_{1}	1	1	1	1	0	1	1	0	0	1
R_{2}	1	1	0	0	0	1	0	0	0	1
R_{3}	1	1	1	1	1	2	2	0	0	2
R_{4}	1	1	1	1	1	2	2	0	0	2
R_{5}	1	1	3	3	3	2	3	1	1	2
R_{6}	1	1	1	1	1	2	2	0	0	2
R_{7}	1	1	1	1	1	2	2	0	0	2
R_{8}	3	3	2	2	2	3	2	0	0	3
R_{9}	1	0	1	1	1	1	1	0	0	1
R_{10}	1	1	2	2	2	2	2	0	0	3
R_{11}	0	1	0	1	1	1	1	0	0	1
R_{12}	1	1	2	2	2	2	2	0	0	2
R_{13}	0	0	0	0	0	3	0	0	0	3
R_{14}	0	0	3	3	3	0	3	0	0	0
R_{15}	1	2	1	1	1	3	3	0	0	3
R_{16}	3	1	0	0	0	1	2	0	0	2
R_{17}	2	2	0	0	0	3	3	0	0	3
R_{18}	0	0	1	1	1	3	3	0	0	0

驱动因子	R_{23}	R_{24}	R_{25}	R_{26}	R_{27}	R_{28}	R_{29}	R_{30}	R_{31}	R_{32}
R_{19}	0	0	1	1	1	3	3	0	0	0
R_{20}	0	0	1	1	1	3	3	0	0	0
R_{21}	0	0	1	1	1	1	3	0	0	0
R_{22}	3	3	3	3	3	3	3	0	0	0
R_{23}	0	0	3	3	3	1	3	0	0	0
R_{24}	1	0	3	3	3	1	3	0	0	0
R_{25}	0	0	0	3	3	3	3	3	3	3
R_{26}	0	0	3	0	3	2	2	2	2	2
R_{27}	0	0	3	1	0	3	3	3	3	3
R_{28}	1	1	1	1	1	0	3	0	0	3
R_{29}	0	0	3	3	3	0	0	0	0	0
R_{30}	0	0	2	2	2	0	3	0	0	0
R_{31}	0	0	3	3	3	0	3	1	0	0
R_{32}	0	0	1	1	1	3	3	0	0	0

（2）计算规范化矩阵 G 和综合影响矩阵 Z。

根据上述方法，可计算得到规范化矩阵 G，运用 Excel 的矩阵计算函数 MMULT 和 MINVERSE 计算出综合影响矩阵 Z，考虑表格太大，故矩阵 G 和矩阵 Z 不在书中列出。

（3）计算影响度 A、被影响度 B、中心度 M 和原因度 U。

根据前述方法，可计算各风险驱动因子的影响度 A、被影响度 B、中心度 M 和原因度 U，如表 3-9 所示。

表 3-9　综合影响关系表

驱动因子	A	B	M	U
R_1	0.737	0.230	0.967	0.507
R_2	0.733	0.363	1.097	0.370
R_3	1.070	0.296	1.366	0.773
R_4	1.104	0.283	1.386	0.821
R_5	1.019	0.925	1.944	0.094
R_6	1.116	0.379	1.496	0.737
R_7	1.478	0.283	1.761	1.195
R_8	1.850	0.481	2.331	1.370

续表

驱动因子	A	B	M	U
R_9	1.027	0.980	2.007	0.046
R_{10}	1.126	0.500	1.626	0.626
R_{11}	0.439	0.332	0.770	0.107
R_{12}	0.989	0.413	1.402	0.576
R_{13}	0.343	0.772	1.116	−0.429
R_{14}	0.807	0.925	1.733	−0.118
R_{15}	0.868	0.436	1.305	0.432
R_{16}	1.191	1.277	2.469	−0.086
R_{17}	0.860	1.519	2.379	−0.659
R_{18}	0.577	0.523	1.099	0.054
R_{19}	0.577	0.317	0.894	0.260
R_{20}	0.503	0.782	1.286	−0.279
R_{21}	0.448	0.926	1.374	−0.477
R_{22}	1.160	0.943	2.104	0.217
R_{23}	0.708	0.699	1.406	0.009
R_{24}	0.643	0.611	1.254	0.033
R_{25}	0.982	1.574	2.555	−0.592
R_{26}	0.868	1.514	2.382	−0.646
R_{27}	0.923	1.575	2.499	−0.652
R_{28}	0.744	1.781	2.525	−1.036
R_{29}	0.284	2.259	2.543	−1.976
R_{30}	0.252	0.491	0.743	−0.239
R_{31}	0.368	0.367	0.735	0.000
R_{32}	0.640	1.353	1.994	−0.713

（4）绘制八五九农场农业水资源系统恢复力驱动因子的原因-结果图，得出各驱动因子的重要性排序。根据综合影响关系表，本节应用 SPSS 软件将各驱动因子标注在坐标系上，见图 3-4。

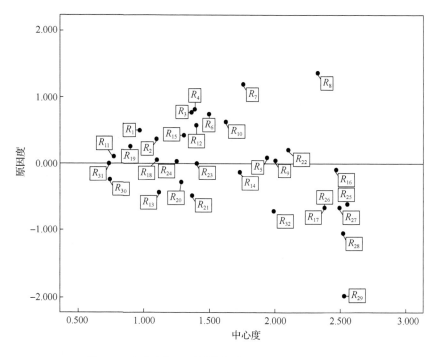

图 3-4　农业水资源系统恢复力驱动因子原因-结果图

从图 3-4 可以得知，八五九农场水资源系统恢复力的原因驱动因子（原因度大于零），按原因度大小排序前五位为：水资源总量（R_8）、年降水量（R_7）、产水系数（R_4）、产水模数（R_3）、单位耕地面积水资源量（R_6）。由各原因驱动因子导致的结果驱动因子（原因度小于零），按作用由小到大排序为：耕地率（R_{29}）、人口自然增长率（R_{28}）、农业供水单方产值（R_{32}）、迁出率（R_{27}）、节灌率（R_{17}）。

通过 DEMATEL 法筛选出各农场的关键驱动因子，如表 3-10 所示。

表 3-10　各农场的关键驱动因子

农场	驱动因子	
	原因驱动因子	结果驱动因子
八五九	水资源总量、年降水量、产水系数、产水模数、单位耕地面积水资源量	耕地率、人口自然增长率、农业供水单方产值、迁出率、节灌率
胜利	年降水量、产水系数、产水模数、单位耕地面积水资源量、水资源总量	耕地率、人口自然增长率、农业供水单方产值、迁出率、城镇灌溉绿地定额
七星	水资源总量、年降水量、产水系数、产水模数、单位耕地面积水资源量	耕地率、迁出率、人口自然增长率、农业供水单方产值、城镇灌溉绿地定额
勤得利	年降水量、产水系数、产水模数、单位耕地面积水资源量、供水模数	耕地率、人口自然增长率、迁出率、城镇灌溉绿地定额、节灌率

农场	驱动因子	
	原因驱动因子	结果驱动因子
大兴	水资源总量、年降水量、产水系数、水资源开发利用率、产水模数	耕地率、人口自然增长率、迁出率、城镇灌溉绿地定额、节灌率
青龙山	年降水量、水资源总量、产水系数、产水模数、单位耕地面积水资源量	耕地率、人口自然增长率、迁出率、城镇灌溉绿地定额、节灌率
前进	年降水量、产水系数、产水模数、单位耕地面积水资源量、水资源总量	耕地率、人口自然增长率、迁出率、城镇灌溉绿地定额、生态环境用水率
创业	年降水量、产水系数、产水模数、单位耕地面积水资源量、水资源总量	耕地率、人口自然增长率、迁出率、城镇灌溉绿地定额、生态环境用水率
红卫	年降水量、产水系数、产水模数、单位耕地面积水资源量、水资源总量	耕地率、人口自然增长率、迁出率、城镇灌溉绿地定额、生态环境用水率
前哨	年降水量、产水系数、产水模数、单位耕地面积水资源量、水资源总量	耕地率、人口自然增长率、迁出率、城镇灌溉绿地定额、生态环境用水率
前锋	年降水量、产水系数、产水模数、单位耕地面积水资源量、水资源开发利用率	耕地率、人口自然增长率、农业供水单方产值、迁出率、城镇灌溉绿地定额
洪河	年降水量、产水系数、水资源开发利用率、水库塘占有率、水资源总量	耕地率、人口自然增长率、农业供水单方产值、生态环境用水率、迁出率
鸭绿河	年降水量、产水系数、水资源开发利用率、产水模数、水库塘占有率	耕地率、人口自然增长率、农业供水单方产值、迁出率、城镇灌溉绿地定额
二道河	年降水量、产水系数、水资源开发利用率、水库塘占有率、水资源总量	耕地率、人口自然增长率、农业供水单方产值、生态环境用水率、迁出率
浓江	年降水量、产水系数、水资源开发利用率、水库塘占有率、产水模数	耕地率、人口自然增长率、生态环境用水率、农业供水单方产值、迁出率

其中，原因驱动因子对农场水资源系统恢复力起决定性的作用，必须制订针对性的风险应对计划，采取控制措施。而结果驱动因子极易受到其他农业水资源系统恢复力驱动因子的影响，其对人类环境系统的协调性也表现出特有的响应力。针对这两种驱动因子，农场应该建立相应的决策和管理制度，促使农业水资源得到可持续利用，并采取有助于农业水资源系统恢复力的适应性管理措施：通过兴修水利、南水北调等改善农业水资源条件；通过水资源农田水利建设标准化、旱作农业节水灌溉普及化等在保障粮食产量增加的同时提高水资源的利用率；通过环境管理政策（控制农药使用量、加大污水处理率等）改善水环境；通过制定生态保护与修复政策（退耕还林草、围封转移等）扭转生态系统退化的趋势，对水资源系统形成良好的促进作用等。

合理的政策和适应性管理措施可以扭转农业水资源系统的退化趋势，并增强农业水资源系统恢复力，而它们的制定需要认识关键驱动因子在农业水资源系统变化过程中的作用,以及对这些驱动因子在时间尺度上的影响进行有效评估。本节采用模糊综合模型对农业水资源系统恢复力驱动程度进行评测,将关键驱动因子进行综合分析,得出综合评测值,如表 3-11 所示。

表 3-11　各农场综合评测值

农场	综合评测值			
	1999 年	2004 年	2009 年	2014 年
八五九	0.8630	0.7419	0.4628	0.5469
胜利	0.6180	0.6120	0.6085	0.7390
七星	0.6799	0.5138	0.3425	0.4235
勤得利	0.9163	0.7312	0.3931	0.4000
大兴	0.7181	0.6737	0.6584	0.6800
青龙山	0.6868	0.6651	0.6229	0.6500
前进	0.7662	0.7388	0.6877	0.6922
创业	0.0000	0.3763	0.2709	0.3467
红卫	0.8136	0.7000	0.1822	0.2801
前哨	0.6557	0.4344	0.3000	0.4797
前锋	0.8136	0.8065	0.7322	0.7001
洪河	0.8986	0.7000	0.6229	0.6941
鸭绿河	0.8986	0.7763	0.5000	0.6467
二道河	0.9211	0.8076	0.7842	0.6158
浓江	0.7731	0.7912	0.7266	0.7500

根据表 3-11 可知,1999 年、2004 年至 2009 年,大部分农业水资源系统恢复力呈下降趋势,表明随着驱动力和压力的加大,其对农业水资源系统恢复力的影响在不断地加大,而且影响的范围在不断扩大。随着农药的大面积使用,农业水资源的污染逐渐加剧,并导致土壤肥力下降,粮食作物产量下降,农民收入减少;过度的砍伐导致森林覆盖率不断下降,可垦荒地和湿地的面积不断减小,致使区域小气候环境不断恶化,严重影响了耕作,而且对农业水资源系统恢复力造成了

巨大的影响。勤得利农场水资源系统恢复力综合评测值降低明显，主要是因为勤得利农场的可垦荒地资源和湿地面积比较少，导致了该农场的区域小气候条件相对较差，自然灾害相对比较严重，对农业水资源系统恢复力造成了很大的影响。洪河农场的农业水资源系统恢复力相对稳定，主要原因是洪河农场在保护现有耕地资源的基础上，还加大了对湿地和林地资源的保护力度，水利设施完善，大部分耕地已形成以排水为主的水利配套网，从而确保了驱动力和压力增长的同时，不会对农业水资源系统恢复力造成太大的影响。2009 年到 2014 年农业水资源系统恢复力的状态开始呈上升趋势，表明当地加强了对农业水土资源利用的有效管理，使得农业水资源的驱动力不断恢复，农药使用量减少，农田水利建设标准化、畜牧养殖产业化、农机管理标准化、旱作农业节水灌溉普及化，在保障粮食产量增加的同时，使得区域整体环境不断被改善，农业水资源系统恢复力也在不断地得到改善。

参 考 文 献

[1] 刘春雷. 区域农业水土资源——环境特征及其耦合协调性分析[D]. 哈尔滨: 东北农业大学, 2018.

[2] 彭漫莉, 杨柳. 基于主成分分析法的贵阳市土地利用结构演变驱动机制研究[J]. 湖北农业科学, 2015, 54(16): 4094-4099.

[3] 周莉. 基于主成分分析和神经网络的癌症驱动基因预测模型[D]. 北京: 北京交通大学, 2017.

[4] 崔彩云, 王建平, 刘勇, 等. 运用 AHP-DEMATEL 的 PPP 项目 VFM 驱动因素重要性分析[J]. 华侨大学学报(自然科学版), 2018, 39(5): 62-68.

[5] 赵晓东, 汪克夷. 基于 DEMATEL 的中国循环经济产业化关键成功要素及其关系分析[J]. 现代管理科学, 2012, 31(1): 69-71.

[6] 薛杰文, 张保华, 王雷, 等. 山东省土地利用/覆盖变化驱动机制分析[J]. 科技信息, 2013, 30(4): 184-186.

[7] 陈万旭, 李江风, 朱丽君. 中部地区承接国际产业转移效率及驱动机理研究——基于超效率 DEA 模型和面板回归分析[J]. 长江流域资源与环境, 2017, 26(7): 973-982.

[8] 刘敬杰, 夏敏, 刘友兆, 等. 基于多智能体与 CA 结合模型分析的农村土地利用变化驱动机制[J]. 农业工程学报, 2018, 34(6): 242-252.

[9] 刘祥鑫, 蒲春玲, 闫志明, 等. 乌鲁木齐市耕地面积变化态势及驱动机制分析[J]. 中国农业资源与区划, 2017, 38(3): 47-51.

[10] 张文霖. 主成分分析在 SPSS 中的操作应用[J]. 市场研究, 2005(12): 31-34.

[11] 林海明, 张文霖. 主成分分析与因子分析的异同和 SPSS 软件——兼与刘玉玫、卢纹岱等同志商榷[J]. 统计研究, 2005, 22(3): 65-69.

[12] 史学飞, 孙钰, 崔寅. 基于熵值-主成分分析法的天津市低碳经济发展水平评价[J]. 科技管理研究, 2018, 38(3): 247-252.

[13] 陈亚玲, 韩璐, 盛建国. 基于主成分分析的城市水环境管理综合评价——以京津冀为例[J]. 环境保护科学, 2018, 44(3): 16-19.

[14] 李玲, 王小娥. 基于 DEMATEL 方法的农业绿色化转型影响因素分析——以福建省为例[J]. 南京理工大学学报(社会科学版), 2018(2): 50-56.

[15] Wu W W, Lee Y T. Developing global managers' competencies using the fuzzy DEMATEL method[J]. Expert Systems with Applications, 2007, 32(2): 499-507.

[16] Büyüközkan G, Çifçi G. A novel hybrid MCDM approach based on fuzzy DEMATEL, fuzzy ANP and fuzzy TOPSIS to evaluate green suppliers[J]. Expert Systems with Applications，2012, 39(3): 3000-3011.

[17] 周德群, 章玲. 集成 DEMATEL/ISM 的复杂系统层次划分研究[J]. 管理科学学报, 2008, 11(2): 20-26.

[18] Chang K H, Cheng C H. Evaluating the risk of failure using the fuzzy OWA and DEMATEL method[J]. Journal of Intelligent Manufacturing, 2011, 22(2): 113-129.

[19] Hsu C W, Kuo T C, Chen S H, et al. Using DEMATEL to develop a carbon management model of supplier selection in green supply chain management[J]. Journal of Cleaner Production, 2013, 56(10): 164-172.

[20] 吕煜昕, 秦字佳, 鲍澜, 等. 基于 DEMATEL 法的家庭农场发展的影响因素分析[J]. 科技创业家, 2013(15): 142-143.

第4章 区域农业水土资源系统恢复力
未来演化格局模拟研究

随着城市化的不断推进及工业化模式的不断发展，工业生产产生的各类污染物排向大气、水体及土壤，其难以通过自净能力去除污染，这种"超负荷"严重威胁着生态环境的平衡。在全球范围内，人口剧增使得用水量持续增长，水资源短缺成为各地区经济发展的障碍，也成为全世界普遍关注的焦点问题。土地资源尤其是可耕地资源的损失对正处于发展中国家的我国来说尤为严重。目前，人类开发利用的耕地和牧场，正在以各类原因不断地减少和退化，而可供开发的后备资源也很少，甚至在许多地方已经枯竭，人均占有土地资源也正迅速减少，这对人类的生存构成了严重的威胁。

农业水土资源是一个地区稳定发展的基本因素，农业水土资源的状态不仅影响一个地区经济的稳定、健康与可持续发展的能力，还影响着一个地区的社会动态及政治策略，农业可持续发展是我国长期面临的一项战略问题[1]。因此，建立区域农业水土资源系统恢复力情景分析方案，分析关键驱动因子未来演化规律，搭建农业水土资源系统恢复力未来情景模拟结构化框架，揭示其未来演化态势，对探索系统适应性循环机制具有重要的意义。

4.1 区域农业水资源系统恢复力时空演变特征研究

随着人类对农业水资源系统开发强度的加大，农业水资源系统受到严重的影响和破坏。农业水资源系统受外界因素影响较强，是一个较为复杂的系统。因此，单一对农业水资源系统恢复力进行测度难以判定区域的农业水资源系统恢复力时间和空间变化趋势，国内外学者很少对农业水资源系统恢复力演变态势进行情景分析。因此，这将成为农业水资源系统恢复力研究的重要发展方向之一。本章节选用障碍指标诊断方法，分析影响区域农业水资源的关键驱动因子，通过分析关键驱动因子的占比来剖析其在系统恢复过程中的作用机制与效应，揭示区域农业水资源系统恢复力综合驱动机制。以 PSO-SVM 评价模型为基础，主要分析评价2000 年、2005 年、2010 年、2015 年四年 15 个农场的水资源系统恢复力时空演变特征，并通过波动度分析方法确定农业水资源系统恢复力年际变化程度，运用格网单元分析理论分析水资源系统恢复力等级变化，可得出各等级水资源系统恢复力的动态变化大小与发展趋势，为今后提高农业水资源系统恢复力提供理论基础。

4.1.1   障碍指标诊断方法

为了提高区域农业水资源恢复能力，通过障碍指标诊断方法[2]得出制约农业水资源恢复能力的主要障碍指标。当前常用的障碍指标诊断方法包括指标偏离程度、指标贡献程度及障碍度等方法[3-4]。指标贡献程度法是一种通过确定单个指标对整体目标的贡献程度大小来进行诊断的方法，其计算公式如下：

$$Q_{ij} = \frac{\omega_i \left(1 - g_{ij}\right)}{\sum_{i=1}^{k} \omega_i \left(1 - g_{ij}\right)} \quad (4\text{-}1)$$

式中，ω_i——各评价指标权重；

$1 - g_{ij}$——指标的偏离大小，采用指标归一化后与最优数值之间的距离；

Q_{ij}——障碍度，第 j 个评价对象中各指标对区域农业水资源系统恢复力的影响程度。

4.1.2   波动度分析方法

波动度可以有效地计算年际稳定性程度[5]，波动值越大表明年际稳定性越差，受外界环境干扰越大。因此，可以采用标准差（standard deviation，SD）来反映年际水资源系统恢复力的波动程度，计算公式如下：

$$SD = \sqrt{\frac{\sum_{i=1}^{n} r_i^2 - \frac{1}{n}\left(\sum_{i=1}^{n} r_i\right)^2}{n}} \quad (4\text{-}2)$$

式中，r_i——评价对象 i 的等级；

n——评价对象 i 的数量。

4.1.3   格网化转移矩阵分析方法

运用格网化转移矩阵分析[6]方法来研究各农场等级恢复力分布个数转移情况，能够定量说明区域内不同农业水资源系统恢复力等级随着时间变化而发生相互转化，还能够揭示不同农业水资源系统恢复力等级随着时间变化的转移速率，进而可以更加系统地分析出农业水资源系统恢复力等级动态变化过程。

4.1.4   实例应用

本节以建三江管理局 15 个农场为研究平台，筛选出人均水资源量（I_1）、地下水环境质量指数（I_2）、年降水量（I_3）、气温（I_4）、水利资金总投入增长率（I_5）、人均绿地面积（I_6）、农药施用强度（I_7）、森林覆盖率（I_8）、单位耕地面积水资源量（I_9）、有效灌溉面积率（I_{10}）、节灌率（I_{11}）、耕地率（I_{12}）、农业供水单方产值（I_{13}）、人口自然增长率（I_{14}）、第一产业从业人员比重（I_{15}）、万人拥有水利专业人员（I_{16}）和人均 GDP（I_{17}）17 个评价指标，构建农业水资源系统恢复力指标评价体系，并采用 PSO-SVM 评价模型计算 2000 年、2005 年、2010 年和 2015 年建三江管理局 15 个农场农业水资源系统恢复力模拟值和相应恢复力等级，如表 4-1 所示。

表 4-1　各农场农业水资源系统恢复力模拟值及等级

农场	2000 年		2005 年		2010 年		2015 年	
	模拟值	恢复力等级	模拟值	恢复力等级	模拟值	恢复力等级	模拟值	恢复力等级
八五九	1.2870	II	1.6381	II	1.9209	II	2.3522	III
胜利	0.6725	I	0.9357	I	1.6222	II	2.3105	III
七星	0.8602	I	0.8008	I	0.9117	I	1.2202	II
勤得利	2.1995	III	2.4632	III	2.3440	III	2.2904	III
大兴	1.3568	II	1.1736	I	0.9959	I	1.5325	II
青龙山	1.3441	II	1.6156	II	1.7689	II	1.3740	II
前进	1.4749	II	1.3894	II	1.7926	II	1.6693	II
创业	1.3813	II	1.1872	I	1.6974	II	1.5046	II
红卫	1.5150	II	1.2925	II	1.8349	II	1.9515	II
前哨	1.5417	II	1.8933	II	2.0589	III	1.9992	III
前锋	1.5319	II	1.0778	I	1.4361	II	2.0296	III
洪河	2.4424	III	2.2970	III	2.8653	IV	2.8173	IV
鸭绿河	1.2942	II	1.8442	II	2.4739	III	1.9333	III
二道河	1.5089	II	1.6543	II	2.0466	III	1.7755	II
浓江	2.3428	III	2.3551	III	2.6970	IV	2.5141	IV

由表 4-1 可知，勤得利、洪河、浓江农场水资源系统恢复力等级较高且基本平稳，其各年水资源系统恢复力等级均为 III 级或 IV 级，表明其农业水资源系统十分稳定，即使受到外界影响也能通过系统自身调整迅速恢复原有状态。但农场各年农业水资源系统恢复力处于 I 级或 II 级分别占据了农场总数的 80%、80%、60%、53.33%，均占农场总数的一半以上，表明建三江管理局所辖农场农业水资

源系统总体较为脆弱，一经遭遇外界恶劣环境的破坏，当前的农业水资源系统将在较长时间内都难以恢复到原来状态。

为了更加直观显示农业水资源系统恢复力的时空变化规律，我们绘制了不同年份建三江管理局各农场水资源系统恢复力时空演变图（图4-1）。

由图4-1可知，2000年建三江管理局15个农场农业水资源系统恢复力总体偏低，农业水资源系统恢复力为Ⅰ级或Ⅱ级的农场共12个，占所有农场的80%，七星、胜利农场农业水资源系统恢复力等级为Ⅰ级，且根据恢复力模拟值可知胜利农场农业水资源系统恢复力小于七星农场的农业水资源系统恢复力。大兴、青龙山、前进、创业、红卫、鸭绿河、前锋、前哨、二道河、八五九农场农业水资源系统恢复力等级为Ⅱ级，但是根据恢复力模拟值可知，农业水资源系统恢复力排序为八五九＜鸭绿河＜青龙山＜大兴＜创业＜前进＜二道河＜红卫＜前锋＜前哨，其中八五九、鸭绿河的恢复力模拟值分别为1.2870和1.2942，达到Ⅱ级农业水资源系统恢复力的下限值，说明两农场的农业水资源恢复力趋向Ⅰ级转化。勤得利、

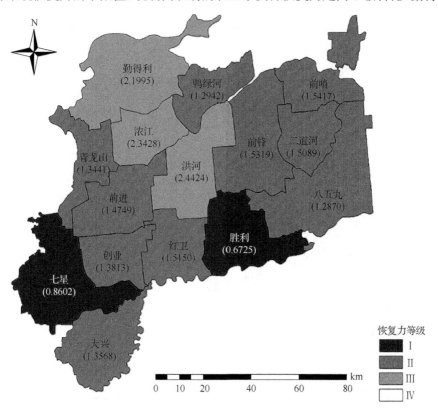

图4-1　2000年建三江管理局各农场农业水资源系统恢复力时空分布

洪河和浓江 3 个农场农业水资源系统恢复力等级均为Ⅲ级，根据农业水资源系统恢复力模拟值可知，农业水资源系统恢复力排序为勤得利＜浓江＜洪河。2000 年农业水资源系统恢复力无Ⅳ级的农场，大致的整体恢复力等级空间格局呈现出"西南部低，东北部高"的特点。

　　由图 4-1 和图 4-2 可知，2000～2005 年，勤得利、洪河、浓江农场的农业水资源系统恢复力仍较强，恢复力等级为Ⅲ级，但农业水资源系统恢复力等级处于Ⅰ级的农场多了大兴、创业和前锋 3 个农场，农业水资源系统恢复力并未有转好趋势，整体恢复力降低。其中，大兴、七星、创业、胜利、前锋 5 个农场农业水资源系统恢复力等级为Ⅰ级，根据恢复力模拟值可知，农业水资源系统恢复力排序为七星＜胜利＜前锋＜大兴＜创业，且创业、大兴农场的恢复力模拟值分别为1.1872 和 1.1736，达到Ⅰ级农业水资源系统恢复力的上限值，说明两农场的农业水资源恢复力趋向Ⅱ级转化。青龙山、前进、红卫、鸭绿河、前哨、二道河、八五九 7 个农场农业水资源系统恢复力等级为Ⅱ级，但是根据恢复力模拟值可知，

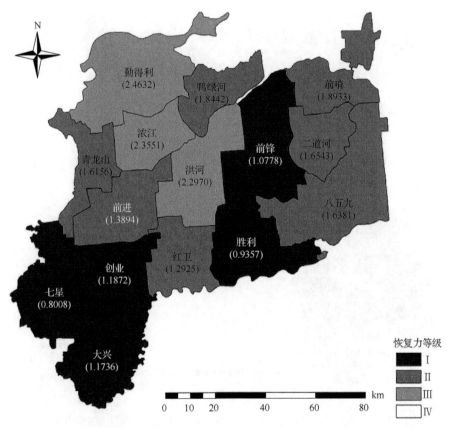

图 4-2　2005 年建三江管理局各农场农业水资源系统恢复力时空分布

农业水资源恢复力排序为红卫＜前进＜青龙山＜八五九＜二道河＜鸭绿河＜前哨，且红卫、前进的恢复力模拟值分别为 1.2925 和 1.3894，达到 II 级农业水资源系统恢复力的下限值，说明两农场的农业水资源恢复力趋向 I 级转化。勤得利、浓江、洪河 3 个农场农业水资源系统恢复力等级均为III级，根据农业水资源系统恢复力模拟值，与 2000 年恢复力排序不同，农业水资源恢复力排序为洪河＜浓江＜勤得利。建三江管理局 15 个农场大致的空间格局由"西南向东北逐渐增强"转向"东南向西北逐渐增强"趋势。

由图 4-2 和图 4-3 可知，2005～2010 年，恢复力等级为 I 级的农场数量明显锐减，其中创业、前锋、胜利 3 个农场农业水资源系统恢复力提升到 II 级，仅有七星、大兴农场仍为 I 级，鸭绿河、前哨、二道河农场农业水资源系统恢复力等级由 II 级提升到III级，浓江、洪河两农场农业水资源系统恢复力等级由III级提升到IV级，农业水资源系统恢复力明显提升，各农场整体恢复力等级明显好转，且其空间格局由"东南向西北逐渐增强"转向"南向北逐渐增强"趋势。其中，南部低呈现出七星、大兴两个农场农业水资源系统恢复力等级为 I 级，农业水资源

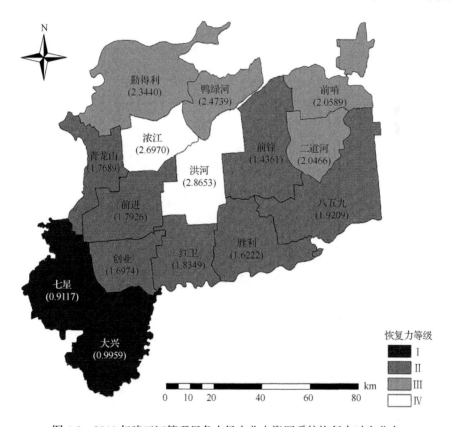

图 4-3　2010 年建三江管理局各农场农业水资源系统恢复力时空分布

系统恢复力十分脆弱，七星农场和大兴农场的恢复力模拟值分别为 0.9117 和 0.9959。创业、红卫、胜利、青龙山、前锋、八五九及前进农场农业水资源系统恢复力等级为Ⅱ级，水资源自我修复能力较弱，根据恢复力模拟值，排序结果为前锋＜胜利＜创业＜青龙山＜前进＜红卫＜八五九。北部农场除了前锋和青龙山农场农业水资源系统恢复力为Ⅱ级外，其余农场农业水资源系统恢复力均为Ⅲ级或Ⅳ级，尽管部分北部农场有劣化趋势，但农业水资源系统恢复力整体比南部强。

由图 4-3 和图 4-4 可知，2010～2015 年，建三江管理局各农场农业水资源系统恢复力大致空间格局由"南向北逐渐增强"转向"西南向东北逐渐增强"趋势，勤得利、浓江、洪河、胜利农场形成了一条最强的自我恢复能力带横亘于区域中部。其中，七星、大兴、青龙山等 8 个农场农业水资源系统恢复力等级为Ⅱ级，水资源自我修复能力较弱，根据恢复力模拟值可知，各农场的恢复力排序为七星＜青龙山＜创业＜大兴＜前进＜二道河＜鸭绿河＜红卫，且七星和青龙山农场的恢复力模拟值分别为 1.2202 和 1.3740，达到Ⅱ级农业水资源系统恢复力的下限值，说明两农场的农业水资源恢复力趋向Ⅰ级转化。东北部高呈现出八五九、胜利、勤得利等 5 个农场农业水资源系统恢复力等级为Ⅲ级。洪河、浓江两个农场农业水资源系统恢复力等级为Ⅳ级。尽管鸭绿河和二道河两个农场农业水资源系统恢复力等级为Ⅱ级，但并不影响其东北部总体增强趋势，根据农业水资源系统恢复

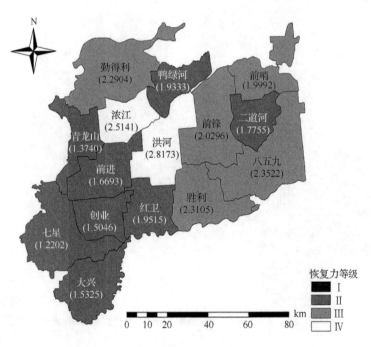

图 4-4　2015 年建三江管理局各农场农业水资源系统恢复力时空分布

力模拟值可知，农业水资源恢复力排序为前哨＜前锋＜勤得利＜胜利＜八五九，且前哨和前锋农场恢复力模拟值分别为 1.9992 和 2.0296，接近Ⅲ级下限值，说明这两个农场农业水资源系统恢复力有向Ⅱ级转化的趋势。浓江农场恢复力＜洪河农场恢复力，其中浓江农场农业水资源系统恢复力模拟值为 2.5141，接近Ⅳ级下限值，说明恢复力稳定性仍不足，有趋向Ⅲ级的风险。

通过分析可知，这一空间变化规律的形成与各农场的实际情况相近，自我恢复能力强的农场其农业水资源开发利用情况和生态平衡维护情况良好，自我恢复能力弱的农场未合理开发利用农业水资源，造成土壤肥力下降、水土流失等一系列生态失衡问题。

1. 农场恢复力等级与相应指标等级对比分析

建三江管理局 15 个农场农业水资源系统恢复力时空特征在 2000 年、2005 年、2010 年、2015 年不断发生变化，为了更细致地分析各指标等级和各农场恢复力等级间关系，引入因子分析法，对比分析各年每个农场受影响的指标等级与相应农场变化情况，不仅能为每个农场解决恢复力等级下降问题提供新的思路和措施，而且可以较好地预测未来农场恢复力发展趋势和空间演变特征。设定八五九农场为 A 农场、胜利农场为 B 农场、七星农场为 C 农场、勤得利农场为 D 农场、大兴农场为 E 农场、青龙山农场为 F 农场、前进农场为 G 农场、创业农场为 H 农场、红卫农场为 I 农场、前哨农场为 J 农场、前锋农场为 K 农场、洪河农场为 L 农场、鸭绿河农场为 M 农场、二道河农场为 N 农场、浓江农场为 O 农场，详细分析如表 4-2～表 4-5 所示。

表 4-2 2000 年各农场和各指标的恢复力等级的比较

农场	指标																	F_g
	I_1	I_2	I_3	I_4	I_5	I_6	I_7	I_8	I_9	I_{10}	I_{11}	I_{12}	I_{13}	I_{14}	I_{15}	I_{16}	I_{17}	
A	Ⅱ	Ⅰ	Ⅲ	Ⅲ	Ⅰ	Ⅱ	Ⅲ	Ⅰ	Ⅲ	Ⅰ	Ⅱ	Ⅲ	Ⅰ	Ⅲ	Ⅳ	Ⅱ	Ⅰ	Ⅱ
B	Ⅰ	Ⅰ	Ⅱ	Ⅱ	Ⅱ	Ⅱ	Ⅱ	Ⅰ	Ⅰ	Ⅰ	Ⅰ	Ⅰ	Ⅰ	Ⅰ	Ⅳ	Ⅰ	Ⅰ	Ⅰ
C	Ⅰ	Ⅰ	Ⅰ	Ⅰ	Ⅰ	Ⅰ	Ⅰ	Ⅰ	Ⅰ	Ⅰ	Ⅰ	Ⅰ	Ⅰ	Ⅲ	Ⅲ	Ⅱ	Ⅰ	Ⅰ
D	Ⅱ	Ⅳ	Ⅲ	Ⅲ	Ⅰ	Ⅱ	Ⅳ	Ⅲ	Ⅳ	Ⅱ	Ⅲ	Ⅳ	Ⅲ	Ⅲ	Ⅳ	Ⅳ	Ⅱ	Ⅲ
E	Ⅱ	Ⅰ	Ⅰ	Ⅲ	Ⅰ	Ⅰ	Ⅲ	Ⅳ	Ⅰ	Ⅰ	Ⅳ	Ⅰ	Ⅳ	Ⅰ	Ⅱ	Ⅰ	Ⅰ	Ⅱ
F	Ⅱ	Ⅱ	Ⅱ	Ⅲ	Ⅰ	Ⅰ	Ⅲ	Ⅲ	Ⅰ	Ⅰ	Ⅰ	Ⅲ	Ⅰ	Ⅲ	Ⅰ	Ⅰ	Ⅰ	Ⅱ

续表

| 农场 | 指标 | | | | | | | | | | | | | | | | | F_g |
	I_1	I_2	I_3	I_4	I_5	I_6	I_7	I_8	I_9	I_{10}	I_{11}	I_{12}	I_{13}	I_{14}	I_{15}	I_{16}	I_{17}	
G	II	I	II	I	I	IV	I	III	II	I	III	III	IV	II	II	I	II	II
H	II	II	I	I	II	II	I	IV	I	I	I	III	IV	IV	IV	I	II	II
I	II	I	I	I	I	III	I	III	I	I	I	IV	IV	II	I	II	II	II
J	IV	I	I	I	I	II	IV	IV	IV	I	III	IV	I	I	IV	I	I	II
K	II	I	I	I	I	I	II	III	I	I	IV	IV	I	III	III	II	I	II
L	IV	IV	III	I	II	III	IV	I	II	III	III	III	III	II	III	III	III	III
M	III	I	I	I	II	I	III	III	I	I	I	III	III	II	IV	III	III	III
N	IV	I	I	I	I	I	IV	I	I	I	III	III	I	II	IV	II	I	III
O	III	IV	I	I	I	III	III	III	III	III	III	III	III	III	II	III	III	III

注：表中 F_g 表示各农场恢复力等级

从表 4-2 可以看出，2000 年各农场中地下水环境质量指数、水利资金总投入增长率、农业供水单方产值及人均 GDP 等指标等级偏低。水利资金总投入增长率在胜利、勤得利、洪河、鸭绿河和浓江农场达到 II 级水平，其余各农场均处在 I 级水平；地下水环境质量指数达到 II 级的为青龙山和创业农场，达到 IV 级的为洪河、勤得利及浓江农场，其余各农场也均处在 I 级水平；人均 GDP 达到 II 级水平的农场包括洪河、勤得利、浓江及二道河农场，其余农场处于 I 级水平；农业供水单方产值仅有鸭绿河、洪河、勤得利及浓江农场较高，达到 III 级，除此以外其余农场也均处在 I 级水平。从上述指标分析结果看出，提高农场农业水资源系统恢复力亟须加强地下水源保护、增加水利资金投入、提高农业用水灌溉效率和改善农民收入水平等。以胜利农场和浓江农场为例，分析各农场恢复力等级和各系统指标间关系可以看出，胜利农场恢复力等级为 I 级，I 级的指标几乎占据了所有指标总数的 2/3，导致胜利农场总评价最低；但是指标中第一产业从业人员比重仍能够达到较优的 IV 级水平，年降水量、气温、水利资金总投入增长率、人均绿地面积、农药施用强度及单位耕地面积水资源量为 II 级。浓江农场整体指标与农场等级较为一致，未有 I 级指标，处于 II 级的指标（气温、水利资金总投入增长率和人均 GDP）占整体指标的 17.65%。

表 4-3　2005 年各农场和各指标的恢复力等级的比较

| 农场 | 指标 | | | | | | | | | | | | | | | | | F_g |
	I_1	I_2	I_3	I_4	I_5	I_6	I_7	I_8	I_9	I_{10}	I_{11}	I_{12}	I_{13}	I_{14}	I_{15}	I_{16}	I_{17}	
A	II	I	II	III	II	II	II	III	III	I	II	IV	I	III	II	II	II	II
B	I	III	I	II	II	I	I	I	I	I	II	I	II	III	II	III	II	I
C	I	II	I	II	II	II	I	II	I	I	I	I	I	II	I	I	I	I
D	II	I	II	III	III	II	II	IV	II	I	IV	IV	IV	III	III	IV	I	III
E	II	I	I	III	I	II	IV	I	I	I	II	II	II	III	I	II	I	I
F	II	II	I	III	I	II	II	III	II	II	III	II	III	I	II	I	I	II
G	II	II	I	II	II	I	III	II	II	IV	II	I	II	III	I	I	II	II
H	II	II	I	II	II	II	II	II	I	I	I	II	III	I	II	I	I	I
I	II	I	I	II	II	II	I	II	I	I	II	I	II	I	I	I	I	I
J	III	I	II	II	II	I	IV	IV	II	IV	II	III	IV	II	III	IV	II	II
K	II	I	I	II	II	I	I	II	I	IV	II	I	II	I	I	I	I	I
L	IV	III	IV	III	III	III	III	III	III	III	III	III	III	III	III	III	III	III
M	III	I	II	II	II	II	III	III	II	II	III	II	II	III	III	III	II	III
N	IV	III	I	III	II	I	III	I	II	IV	II	II	III	I	III	I	III	III
O	III	III	II	III	I	III	IV	III	III	II	IV	III	III	III	III	III	II	III

从表 4-3 可以看出，2005 年各农场中仅有年降水量、有效灌溉面积率等指标等级偏低。其中仅有洪河农场年降水量等级相对较高，达到Ⅳ级，浓江、鸭绿河、勤得利和八五九农场为Ⅱ级，其余各农场均为Ⅰ级；有效灌溉面积率达到Ⅱ级为青龙山、前进、创业、红卫、洪河和浓江农场，其余各农场也均处在Ⅰ级水平。从上述指标分析结果看出，与 2000 年相比，各指标等级略有提升，但农场整体恢复力水平仍然较低，未得到明显改善，因此提高农场农业水资源系统恢复力需重点加强水资源保护和提高农业用水灌溉效率等。以 2005 年农场等级最低的七星农场和等级最高的勤得利农场为例，分析各农场恢复力等级与相应指标等级间关系，从中可以看出，七星农场虽然恢复力等级为Ⅰ级，Ⅰ级指标占据整体指标的 53%，但是森林覆盖率和人口自然增长率仍能达到较高的Ⅲ级，地下水环境质量指数、气温、农药施用强度、单位耕地面积水资源量、第一从业人员比重和万人拥有水

利专业人员恢复力等级为Ⅱ级；勤得利农场虽然为Ⅲ级，但是地下水环境质量指数、有效灌溉面积率和人均 GDP 达到最低等级Ⅰ级，Ⅲ级和Ⅳ级指标占整体指标的 53%，且较多农场的农业水资源系统恢复力为Ⅳ级。

表 4-4　2010 年各农场和各指标的恢复力等级的比较

| 农场 | 指标 | | | | | | | | | | | | | | | | | F_g |
	I_1	I_2	I_3	I_4	I_5	I_6	I_7	I_8	I_9	I_{10}	I_{11}	I_{12}	I_{13}	I_{14}	I_{15}	I_{16}	I_{17}	
A	Ⅱ	Ⅲ	Ⅲ	Ⅱ	Ⅱ	Ⅳ	Ⅱ	Ⅲ	Ⅱ	Ⅱ	Ⅱ	Ⅰ	Ⅲ	Ⅲ	Ⅰ	Ⅱ	Ⅲ	Ⅱ
B	Ⅱ	Ⅰ	Ⅲ	Ⅱ	Ⅱ	Ⅳ	Ⅰ	Ⅰ	Ⅱ	Ⅰ	Ⅰ	Ⅰ	Ⅲ	Ⅲ	Ⅱ	Ⅲ	Ⅲ	Ⅱ
C	Ⅰ	Ⅱ	Ⅱ	Ⅰ	Ⅰ	Ⅱ	Ⅰ	Ⅱ	Ⅱ	Ⅰ	Ⅱ	Ⅱ	Ⅰ	Ⅲ	Ⅲ	Ⅰ	Ⅰ	Ⅰ
D	Ⅱ	Ⅱ	Ⅳ	Ⅱ	Ⅲ	Ⅱ	Ⅱ	Ⅳ	Ⅰ	Ⅱ	Ⅱ	Ⅱ	Ⅳ	Ⅱ	Ⅰ	Ⅱ	Ⅱ	Ⅱ
E	Ⅰ	Ⅰ	Ⅰ	Ⅱ	Ⅰ	Ⅱ	Ⅰ	Ⅰ	Ⅰ	Ⅱ	Ⅰ	Ⅰ	Ⅲ	Ⅱ	Ⅱ	Ⅰ	Ⅰ	Ⅰ
F	Ⅱ	Ⅰ	Ⅱ	Ⅱ	Ⅱ	Ⅳ	Ⅲ	Ⅱ	Ⅱ	Ⅰ	Ⅱ	Ⅰ	Ⅱ	Ⅱ	Ⅱ	Ⅱ	Ⅱ	Ⅱ
G	Ⅰ	Ⅰ	Ⅱ	Ⅱ	Ⅱ	Ⅱ	Ⅱ	Ⅱ	Ⅱ	Ⅲ	Ⅲ	Ⅲ	Ⅰ	Ⅲ	Ⅰ	Ⅲ	Ⅳ	Ⅱ
H	Ⅰ	Ⅱ	Ⅲ	Ⅱ	Ⅱ	Ⅳ	Ⅱ	Ⅱ	Ⅱ	Ⅲ	Ⅱ	Ⅱ	Ⅱ	Ⅱ	Ⅱ	Ⅳ	Ⅱ	Ⅱ
I	Ⅱ	Ⅱ	Ⅲ	Ⅲ	Ⅱ	Ⅰ	Ⅱ	Ⅰ	Ⅱ	Ⅱ	Ⅱ	Ⅲ	Ⅱ	Ⅱ	Ⅱ	Ⅳ	Ⅳ	Ⅱ
J	Ⅲ	Ⅳ	Ⅲ	Ⅰ	Ⅰ	Ⅱ	Ⅰ	Ⅳ	Ⅳ	Ⅱ	Ⅱ	Ⅱ	Ⅲ	Ⅱ	Ⅱ	Ⅱ	Ⅱ	Ⅱ
K	Ⅱ	Ⅲ	Ⅱ	Ⅰ	Ⅰ	Ⅱ	Ⅰ	Ⅰ	Ⅱ	Ⅱ	Ⅱ	Ⅱ	Ⅱ	Ⅱ	Ⅰ	Ⅳ	Ⅱ	Ⅱ
L	Ⅳ	Ⅳ	Ⅳ	Ⅲ	Ⅲ	Ⅲ	Ⅲ	Ⅲ	Ⅲ	Ⅲ	Ⅲ	Ⅱ	Ⅲ	Ⅱ	Ⅲ	Ⅳ	Ⅳ	Ⅳ
M	Ⅲ	Ⅰ	Ⅱ	Ⅱ	Ⅱ	Ⅱ	Ⅱ	Ⅱ	Ⅰ	Ⅱ	Ⅱ	Ⅰ	Ⅱ	Ⅲ	Ⅱ	Ⅰ	Ⅳ	Ⅱ
N	Ⅳ	Ⅳ	Ⅳ	Ⅱ	Ⅲ	Ⅲ	Ⅰ	Ⅰ	Ⅳ	Ⅱ	Ⅰ	Ⅱ	Ⅱ	Ⅲ	Ⅱ	Ⅳ	Ⅱ	Ⅱ
O	Ⅲ	Ⅳ	Ⅳ	Ⅱ	Ⅱ	Ⅱ	Ⅱ	Ⅰ	Ⅰ	Ⅳ	Ⅱ	Ⅰ	Ⅳ	Ⅰ	Ⅰ	Ⅳ	Ⅰ	Ⅳ

从表 4-4 可以看出，2010 年各农场中单位耕地面积水资源量和耕地率恢复力等级处于Ⅰ级的较多，分别占 15 个农场总数的 53.33% 和 66.67%，各指标整体农业水资源系统恢复力有所提升。其中仅有前哨和洪河农场单位耕地面积水资源量恢复力等级较高，分别达到Ⅳ级和Ⅲ级，单位耕地面积水资源量达到Ⅱ级的为鸭绿河、青龙山、勤得利、八五九和胜利农场，其余各农场均为Ⅰ级；耕地率恢复力等级仅有洪河农场达到Ⅲ级，勤得利、红卫、前哨及鸭绿河农场恢复力等级为Ⅱ级，其余各农场也均处在Ⅰ级水平，在所有指标中恢复力等级最弱。由上述指标分析看出，与 2000 年和 2005 年相比，各指标等级均有较大提升，农场整体恢复力水平有所改善，但是仍存在指标等级为Ⅰ级或Ⅱ级的情况，因此，提高农场

农业水资源系统恢复力需重点加强农业系统中的耕地水资源的高效利用和耕地面积的合理开发等，保证农业水资源系统恢复力的可持续发展。以 2010 年农场恢复力等级最低的七星农场和恢复力等级最高的洪河农场为例，分析该年份各农场恢复力等级与相应指标等级间关系，可以看出，七星农场虽然恢复力等级为Ⅰ级，恢复力等级为Ⅰ级和Ⅱ级的指标占据整体指标的 88.24%，但是社会经济系统中的第一产业从业人员比重和万人拥有水利专业人员仍能达到较高的Ⅲ级；洪河农场恢复力等级为Ⅳ级，各指标等级与农场等级较为一致，无最低等级Ⅰ级指标，仅有气温一个指标恢复力等级较低，为Ⅱ级，处于Ⅲ级和Ⅳ级的指标占整体指标的94.12%，且处于Ⅳ级的指标个数接近一半。

表 4-5　2015 年各农场和各指标的恢复力等级的比较

农场	I_1	I_2	I_3	I_4	I_5	I_6	I_7	I_8	I_9	I_{10}	I_{11}	I_{12}	I_{13}	I_{14}	I_{15}	I_{16}	I_{17}	F_g
A	III	IV	III	IV	III	IV	II	III	II	II	II	II	III	IV	III	I	IV	III
B	II	IV	IV	III	IV	IV	I	IV	II	II	I	II	IV	III	II	I	IV	III
C	I	I	I	III	II	II	I	I	I	II	I	III	II	III	I	III	II	II
D	III	IV	IV	III	II	III	III	III	III	III	III	III	III	IV	II	III	III	III
E	I	I	I	IV	II	II	I	II	I	II	I	II	IV	IV	II	II	II	III
F	I	I	II	III	II	II	I	I	I	II	I	II	II	I	III	II	II	II
G	I	III	I	IV	I	III	II	II	II	II	I	III	II	I	IV	II	II	II
H	I	II	I	III	I	IV	I	II	I	II	I	II	II	III	II	II	II	II
I	I	I	I	III	I	I	I	II	I	II	I	II	II	III	II	II	II	II
J	III	IV	IV	I	I	III	I	IV	IV	III	I	II	III	III	I	III	III	III
K	II	IV	IV	III	II	II	I	II	II	II	II	III	II	III	II	IV	III	III
L	III	IV	IV	III	III	II	II	IV	II	II	II	III	II	III	III	IV	IV	IV
M	II	IV	II	III	II	III	I	II	II	II	II	II	III	III	II	II	IV	III
N	III	IV	II	IV	II	III	I	I	I	II	I	III	II	III	II	IV	IV	II
O	II	IV	III	III	II	III	II	II	II	II	II	III	III	III	III	III	IV	IV

从表 4-5 可以看出，2015 年各农场中仅有耕地率和万人拥有水利专业人员恢复力等级偏低。其中仅有勤得利农场耕地率恢复力等级相对较高，达到Ⅲ级，八五九、胜利、红卫、洪河及浓江农场为Ⅱ级，其余各农场该指标均为Ⅰ级；万人

拥有水利专业人员达到Ⅲ级的仅有浓江农场，二道河、洪河、大兴及勤得利农场为Ⅱ级，其余各农场也均处在Ⅰ级水平。从上述指标分析看出，与 2010 年相比，各指标等级略有提升，与 2000 年和 2005 年相比有较明显提升，农场等级均为Ⅱ级、Ⅲ级、Ⅳ级，但整体恢复力等级处于Ⅱ级的农场仍然占据一半以上，且恢复力等级处于Ⅰ级的指标也较多，因此提高农场农业水资源系统恢复力需重点加强水利专业人员培养和减轻耕地的开发强度等。以 2015 年农场等级最低的七星农场和等级最高的洪河农场为例，分析各农场恢复力等级与相应指标等级间关系，从中可以看出，七星农场虽然恢复力等级为Ⅱ级，等级为Ⅰ级的指标占据整体指标的近一半，但是气温、节灌率、农业供水单方产值、第一产业从业人员比重和人均 GDP 仍能达到较高的Ⅲ级，水资源系统和生态环境系统指标较为劣势，需格外加强保护；洪河农场虽然为Ⅳ级，各指标无最低等级Ⅰ级，且Ⅳ级指标占据整体指标的一半以上，但是仍然需要重视单位耕地面积水资源量、耕地率及万人拥有水利专业人员等指标，加强农业水资源保护、减少耕地开发和加强水利专业人员的培养等。

2. 障碍指标诊断分析

计算各指标的障碍度 Q_{ij}，基于障碍度排序，得出影响农业水资源系统恢复力主要障碍指标，如表 4-6 所示。

表 4-6　农业水资源系统恢复力各指标障碍度排序

排序	2000 年		2005 年		2010 年		2015 年	
	障碍指标	障碍度/%	障碍指标	障碍度/%	障碍指标	障碍度/%	障碍指标	障碍度/%
1	I_1	18.38	I_{15}	12.7	I_{15}	11.90	I_{13}	14.63
2	I_7	17.78	I_{12}	11.7	I_{13}	9.44	I_{14}	12.63
3	I_{12}	13.14	I_7	11.09	I_{11}	7.41	I_4	10.26
4	I_9	11.86	I_9	10.93	I_4	7.35	I_5	9.39
5	I_3	11.71	I_4	10.24	I_{17}	7.14	I_{17}	7.92
6	I_{16}	9.48	I_1	6.93	I_6	6.98	I_3	7.90
7	$I_1 \sim I_5$	31.97	$I_1 \sim I_5$	29.68	$I_1 \sim I_5$	30.99	$I_1 \sim I_5$	36.88
8	$I_6 \sim I_8$	17.78	$I_6 \sim I_8$	15.52	$I_6 \sim I_8$	13.87	$I_6 \sim I_8$	14.02
9	$I_9 \sim I_{13}$	30.36	$I_9 \sim I_{13}$	32.03	$I_9 \sim I_{13}$	35.17	$I_9 \sim I_{13}$	22.89
10	$I_{14} \sim I_{17}$	19.89	$I_{14} \sim I_{17}$	22.77	$I_{14} \sim I_{17}$	19.98	$I_{14} \sim I_{17}$	26.20

　　由表 4-6 可见各年前六位指标障碍度及各系统指标障碍度变化情况，并以各系统为基础单元分析影响农业水资源系统恢复力依据。2000 年排在前六位的主要障碍指标依次为人均水资源量、农药施用强度、耕地率、单位耕地面积水资源量、年降水量和万人拥有水利专业人员，前六位障碍指标障碍度 82.35%；2005 年排在前六位的主要障碍指标依次为：第一产业从业人员比重、耕地率、农药施用强度、单位耕地面积水资源量、气温、人均水资源量，前六位障碍指标障碍度总计 63.59%；2010 年排在前六位的主要障碍指标为第一产业从业人员比重、农业供水单方产值、节灌率、气温、人均 GDP、人均绿地面积，前六位障碍指标障碍度总计 50.22%；2015 年排在前六位的主要障碍指标为农业供水单方产值、人口自然增长率、气温、水利资金总投入增长率、人均 GDP、年降水量，前六位障碍指标障碍度总计 62.73%；从前六位的障碍度变化可以看出，整体呈现下降趋势，指标占比逐渐均匀化。从表中还可以看出，各个系统中主要障碍指标排序均有较明显差异，各子系统的障碍度随时间变化，2000～2015 年水资源系统的障碍度随着时间基本保持平稳，从 2000 年的 31.97%增加到 2015 年的 36.88%，最大和最小障碍度相差不到 6%，到 2015 年障碍度位居整个建三江管理局农场的农业水资源系统恢复力的第一位；2000～2015 年生态环境系统的障碍度随着时间基本保持平稳，从 2000 年的 17.78%减少到 2015 年的 14.02%，下降了 3.76%，到 2015 年障碍度位居整个建三江管理局农场的农业水资源系统恢复力的第四位；2000～2015 年农业系统的障碍度随着时间变化稳定性较差，先由 2000 年的 30.36%增加到 2010 年的 35.17%，再从 2010 年的 35.17%下降到 2015 年的 22.89 %，最大与最小障碍度相差近 12%，到 2015 年障碍度位居整个建三江管理局农场的农业水资源系统恢复力的第三位；2000～2015 年社会经济系统的障碍度随着时间略有增加，从 2000 年的 19.89%增加到 2015 年的 26.20%，最大与最小障碍度相差仅为 6.31%，到 2015 年占比位居整个建三江管理局农场的农业水资源系统恢复力的第二位。

　　3. 农业水资源系统恢复力年际波动度分析

　　计算各农场年际波动程度 SD，研究年际的农业水资源系统恢复力波动情况，波动值越大表明该农场稳定性越差，受外界环境干扰越大。以八五九农场为例，该农场 2000 年、2005 年、2010 年、2015 年的恢复力等级分别为Ⅱ级、Ⅱ级、Ⅱ级、Ⅲ级，计算结果如下：

$$\text{SD} = \sqrt{\frac{\sum_{i=1}^{n} r_i^2 - \frac{1}{n}\left(\sum_{i=1}^{n} r_i\right)^2}{n}} = \sqrt{\frac{\left(2^2 + 2^2 + 2^2 + 3^2\right) - \frac{(2+2+2+3)^2}{4}}{4}} = 0.1875 \quad (4\text{-}3)$$

　　从图 4-5 中可以看出，该区域农业水资源系统恢复力年际波动度处于 0～0.7，

可将其划分为弱幅度（0～0.2）、中幅度（0.2～0.45）、强幅度（0.45～0.7）三个
类别。如图 4-5 所示，各农场恢复力以中、弱幅度波动为主，其中，勤得利、青
龙山、前进及红卫农场恢复力等级稳定性较好，仅有前锋、胜利两农场处于强幅
度波动，稳定性较差。对于稳定性较差的农场，在进行农业水资源开发利用时，
应采取相关措施防止其继续向失稳状态变化。

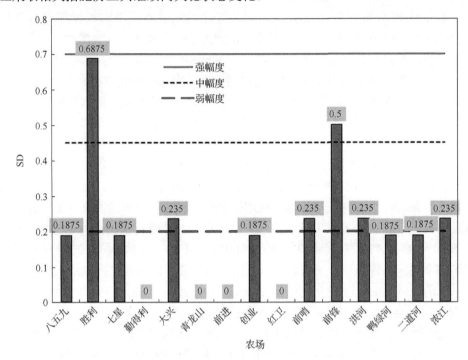

图 4-5　各农场农业水资源系统恢复力波动度

4. 水资源系统恢复力等级变化分析

借鉴格网单元分析理论分析农业水资源系统恢复力等级变化。该理论中矩阵
元素可以有效地分析某年恢复力等级转向另一年恢复力等级的变化个数，矩阵表
中数值代表某一恢复力等级自身变化个数，通过此方法可知各等级恢复力的动态
变化趋势。

从表 4-7 分析得出，2000～2005 年农业水资源系统恢复力等级Ⅲ和等级Ⅳ
农场个数未发生变化，恢复力等级Ⅰ农场个数增加了 3 个，主要由恢复力为Ⅱ
级的农场转化而来，农场个数排序由等级Ⅱ、等级Ⅲ、等级Ⅰ、等级Ⅳ转化为
等级Ⅱ、等级Ⅰ、等级Ⅲ、等级Ⅳ，整体农场农业水资源系统恢复力等级有劣
化趋势。

表 4-7　2000～2005 年建三江管理局各农场农业水资源系统恢复力等级转移矩阵

单位：个

2000 年	2005 年				共计
	等级 I	等级 II	等级III	等级IV	
等级 I	2	0	0	0	2
等级 II	3	7	0	0	10
等级III	0	0	3	0	3
等级IV	0	0	0	0	0
共计	5	7	3	0	15

从表 4-8 分析得出，尽管 2005～2010 年农业水资源系统恢复力等级 II 的农场个数未发生变化，但农场名称发生变化，其中，恢复力等级 I 的农场个数减少了 3 个，全部转化成 II 级农场。同时恢复力等级 II 的农场也存在 3 个转换成III级。恢复力等级IV 的农场个数增加了 2 个，由恢复力等级为III级的农场转化而来。农场个数排序由等级 II、等级 I、等级III、等级IV 转化为等级 II、等级III、等级IV（等级 I），整体农场农业水资源系统恢复力等级有向好方向发展趋势。

表 4-8　2005～2010 年建三江管理局各农场农业水资源系统恢复力等级转移矩阵

单位：个

2005 年	2010 年				共计
	等级 I	等级 II	等级III	等级IV	
等级 I	2	3	0	0	5
等级 II	0	4	3	0	7
等级III	0	0	1	2	3
等级IV	0	0	0	0	0
共计	2	7	4	2	15

从表 4-9 分析得出，2010～2015 年农业水资源系统恢复力IV级的农场个数未发生变化，恢复力等级 I 的农场个数减少了 2 个，全部转化为 II 级农场，恢复力等级III的农场个数增加了 1 个，由恢复力等级为 II 级农场转化而来，恢复力大小排序由等级 II、等级III、等级IV（等级 I）转化为等级 II、等级III、等级IV、等级 I，整体农场农业水资源系统恢复力等级略有向好方向发展趋势。

表 4-9　2010~2015 年建三江管理局各农场农业水资源系统恢复力等级转移矩阵

单位：个

2010 年	2015 年				共计
	等级 I	等级 II	等级III	等级IV	
等级 I	0	2	0	0	2
等级 II	0	4	3	0	7
等级III	0	2	2	0	4
等级IV	0	0	0	2	2
共计	0	8	5	2	15

4.2　区域农业水土资源系统恢复力未来演化态势研究

未来演化态势研究对衡量一个区域农业水土资源系统恢复力水平，揭示恢复力未来演化趋势，探索系统适应性循环机制均具有重要作用。郭荣中等基于压力-状态-响应模型构建长沙市耕地生态安全评价指标体系，评价了长沙市 12 年间的耕地生态安全水平，并对各县的生态安全时空变化情况进行分析[7]；薛天寒等利用大连市大孤山地区土地利用情况，分析其影响因素，总结其空间演化规律，为探究港口发展驱动下的滨海城市土地利用特征提供一定的依据[8]；Carniello 等通过对 20 世纪威尼斯潟湖四种不同水深的分析，提出适用于此类潟湖长期演化的概念模型并推断其未来可能的演变态势[9]；Quilbe 等以 Chauduere 河流域为研究对象评估气候变化对未来土地利用演变情景的影响，定义了 2025 年两个相反的土地利用演变情景，得出土地利用是预测流域未来潜在水文响应时必须考虑的一类关键因素的结论[10]。目前，关于未来演化格局模拟的研究大多集中在生态安全领域[11-12]、土地利用情况[13-14]、景观格局[15-16]等方面，而对农业水土资源系统恢复力方面的未来演化格局研究较少。目前对于演化格局模拟研究主要采用定性与定量相结合的方法进行分析[17-18]。

本节通过熵权法计算各关键驱动因子的权重，得出农业水土资源系统恢复力的综合指数，得到时间演变趋势图，分别利用径向基函数神经网络与反向传播（back propagation，BP）神经网络模拟变化趋势，优选合适的拟合曲线，结合国家宏观政策、研究区域农业水土资源复合系统恢复力影响因素现状条件及发展建设目标，采用情景分析法设定不同的情景发展方案，分析系统恢复力各个关键驱动因子未来演化规律，计算不同情景下系统恢复力的变化，通过拟合曲线预测未来不同情形下的发展变化，揭示农业水土资源复合系统未来演变趋势。

4.2.1　熵权法

熵权法（entropy method，EM）是客观赋权法的一种[19]，是通过指标的信息熵来确定权重的方法，其步骤如下。

步骤 1：特征比重 p_{ij} 的确定。此处，为避免 p_{ij} 值为 0 使计算结果没有意义，我们对熵权法进行改进，并将所有归一化后指标 y_{ij} 统一加上 0.1，以提高其可适性[20]。

$$p_{ij} = \frac{y_{ij} + 0.1}{\sum_{i=1}^{m}(y_{ij} + 0.1)} \tag{4-4}$$

步骤 2：指标 j 信息熵 e_j 的确定。

$$e_j = -\frac{1}{\ln m}\sum_{i=1}^{m} p_{ij} \ln p_{ij} \tag{4-5}$$

步骤 3：指标 j 权重 w_j 的确定。

$$w_j = \frac{1-e_j}{\sum_{j=1}^{n}(1-e_j)} \tag{4-6}$$

4.2.2　BP 神经网络

BP 神经网络是由 Rumelhard 和 McClelland 于 1986 年提出的一种典型的多层前向型神经网络，具有一个输入层、数个隐含层（可以是一层，也可以是多层）和一个或多个输出层[21]。层与层之间采用全连接的方式，同一层的神经元之间不存在相互连接。理论上已经证明，具有一个隐含层的三层网络可以逼近任意非线性函数。BP 网络是一种单向传播的多层前馈神经网络，标准 BP 网络算法包括前向传播和反向传播[22-23]。隐含层中的神经元采用 S 形传递函数 tansing，输出层的神经元多采用线性传递函数[24]。

BP 神经网络的基本思想是首先将样本输入整个网络中，通过网络输入层的各个神经元、隐含层和输出层进行计算，再通过输出层的各个神经元表达出对应输入样本预测值。若预测值与期望输出差值不在精度范围内时，则需反向传播该误差，调整权值和阈值，减小误差，直至这种误差达到精度范围内。

BP 网络学习算法的指导思想是使权值和阈值的调整沿着负梯度方向（误差函数下降最快的方向）进行。其精华在于将网络输出与期望输出间的误差通过权值和阈值进行纠正，将误差反向传播给各个神经元的权值和阈值，充分利用各类神经元解决问题。设输入层神经元个数为 m，隐含层神经元个数为 q，输出层神经元个数为 p，以一个简单三层 BP 神经网络结构为例，介绍具体神经网络结构图，如图 4-6 所示。

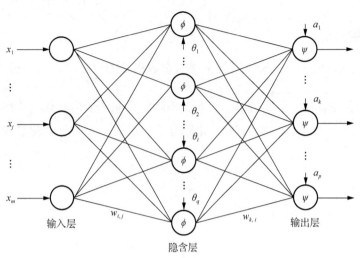

图 4-6　BP 神经网络结构图

（1）信息的正向传播[25]。

$$o_k = \psi\left[\sum_{i=1}^{q} w_{ki}\phi\left(\sum_{j=1}^{M} w_{ij}x_j + \theta_i\right) + a_k\right] \tag{4-7}$$

式中，o_k——输出层第 k 个节点的输出；

　　　　x_j——第 j 个节点的输入；

　　　　w_{ij}——输入层第 j 个节点到隐含层第 i 个节点间的权值（ $i = 1, 2, \cdots, q$ ；

　　　　　　$j = 1, 2, \cdots, m$ ）；

　　　　w_{ki}——隐含层第 i 个节点到输出层第 k 个节点之间的权值（ $k = 1, 2, \cdots, p$ ）；

　　　　θ_i——隐含层第 i 个节点的阈值；

　　　　ϕ——隐含层的激励函数；

　　　　a_k——输出层第 k 个节点的阈值；

　　　　ψ——输出层激励函数。

（2）误差的反向传播。

误差的反向传播，就是利用权值与阈值调整实际产生的总误差[26]。其准则函数表达式为

$$E_s = \frac{1}{2}\sum_{s=1}^{s}\sum_{k=1}^{p}\left(T_k^s - o_k^s\right)^2 \tag{4-8}$$

式中，E_s——s 个训练样本的总误差；

　　　　T_k^s、o_k^s——第 s（ $s = 1, 2, \cdots, S$ ）个样本在第 k（ $k = 1, 2, \cdots, p$ ）个神经元的期望输出与实际输出。

具体运算过程流程图见图 4-7。

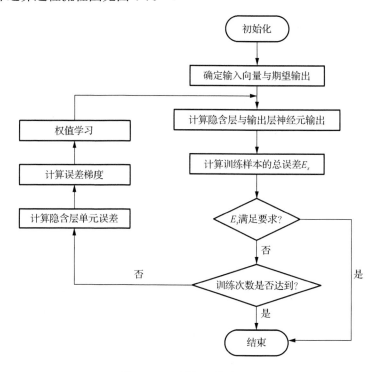

图 4-7 BP 神经网络流程图

BP 神经网络拥有良好的非线性拟合能力及较强的局部寻优能力，然而，由于通常采用梯度下降法优化算法，故存在运算量大、训练时间长、收敛速度慢且易陷入局部极小值等缺点[27]。

4.2.3 RBF 神经网络

径向基函数神经网络，简称 RBF 神经网络，是由 Moody 和 Darken 于 1985 年根据 Powell 所采用的一种多变量插值的径向基函数方法提出的一种神经网络结构，其处理机构与多层前向型网络相似，可以利用任意精度逼近任意连续函数[28]。RBF 神经网络层数有两种说法：一种是有两层前向型网络，即隐含层（radbas 层）与输出层（purelin 层）；另一种是具有三层前向型网络，即输入层、隐含层、输出层，输入层由信号源节点构成，隐含层的神经元数不定，其神经元的传递函数是对中心点径向对称而衰减的非负非线性函数[29]，输出层是对输入层输入对象做出的响应。这两种说法的不同在于对输入层的定义不同，但其本质相同。可以采用三层结构说法，即从第一层向第二层空间的变换为非线性变换，而从第二层向第三层空间的变换是线性变换[30]。其网络结构如图 4-8 所示。

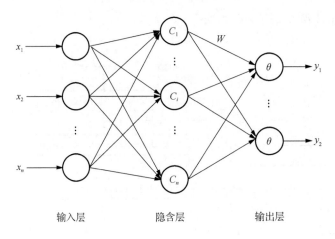

图 4-8　RBF 神经网络结构图

RBF 神经网络的基本思想是：可以将输入矢量直接映射到隐含层空间，而不需要通过权连接[31]。当确定 RBF 的中心点，也就确定了映射关系。网络的输出是将隐含层神经元输出进行线性加权，因此从隐含层到输出层的映射为线性的，而此处的权重是网络可调参数。这样网络的权就可以由线性方程直接解出，从而避免出现局部极小问题，大大加快了学习速度，其运算步骤如下。

（1）确定隐含层神经元径向基函数中心。

设训练集样本输入矩阵为 P，输出矩阵为 T，得

$$P = \begin{bmatrix} p_{11} & p_{12} & \cdots & p_{1j} \\ p_{21} & p_{22} & \cdots & p_{2j} \\ \vdots & \vdots & & \vdots \\ p_{i1} & p_{i2} & \cdots & p_{ij} \end{bmatrix}, \quad T = \begin{bmatrix} t_{11} & t_{12} & \cdots & t_{1j} \\ t_{21} & t_{22} & \cdots & t_{2j} \\ \vdots & \vdots & & \vdots \\ t_{i1} & t_{i2} & \cdots & t_{ij} \end{bmatrix} \tag{4-9}$$

式中，p_{ij}——第 j 个训练样本的第 i 个输入变量；

$\quad\quad t_{ij}$——第 j 个训练样本的第 i 个输出变量；

Z 个神经元所对应的径向基函数中心为

$$C = P' \tag{4-10}$$

（2）确定隐含层神经元对应的阈值为

$$b_1 = [b_{11}, b_{12}, \cdots, b_{1z}]', \quad b_{11} = b_{12} = \cdots = b_{1z} = \frac{0.8236}{\text{spread}} \tag{4-11}$$

式中，spread——径向基函数的扩展速度。

（3）确定隐含层与输出层间权值和阈值。

当隐含层神经元的径向基函数中心及阈值确定后，隐含层神经元的输出便由

以下公式计算：

$$a_i = \exp(-\|C - p_i\|^2 b_i), \quad i = 1, 2, \cdots, z \qquad (4\text{-}12)$$

式中，p_i——第 i 个训练样本向量，并记 $p_i = [p_{i1}, p_{i2}, \cdots, p_{iM}]'$，$A = [a_1, a_2, \cdots, a_z]$。

设隐含层与输出层间的连接权值 W 为

$$W = \begin{bmatrix} w_{11} & w_{12} & \cdots & w_{1j} \\ w_{21} & w_{22} & \cdots & w_{2j} \\ \vdots & \vdots & & \vdots \\ w_{i1} & w_{i2} & \cdots & w_{ij} \end{bmatrix} \qquad (4\text{-}13)$$

式中，w_{ij}——第 j 个隐含层神经元与第 i 个输出层神经元间的连接权值。

设 N 个输出层神经元的阈值 b_2 为

$$b_2 = [b_{21}, b_{22}, \cdots, b_{2n}]' \qquad (4\text{-}14)$$

则

$$[W \quad b_2] \cdot [A; I] = T, \quad I = [1, 1, \cdots, 1]_{1 \times z} \qquad (4\text{-}15)$$

根据以上公式可得隐含层与输出层间权值 W 和阈值 b_2，即

$$\begin{cases} Wb = T / [A; I] \\ W = Wb(:, 1:z) \\ b_2 = Wb(:z + 1) \end{cases} \qquad (4\text{-}16)$$

4.2.4　EM-BP、EM-RBF 组合模型

本节通过将熵权法分别与 BP 神经网络、RBF 神经网络结合，对建三江管理局所辖农场 2001～2016 年农业水土资源系统恢复力进行模拟及情景预测。为获得更准确的结果，以恢复力指数为基准分别利用 RBF 神经网络模型与 BP 神经网络模型对 2001～2012 年农业水土资源系统恢复力指数值进行训练，并利用 2012～2016 年的恢复力指数值进行测试，优选两条模拟曲线中与整个恢复力指数趋势曲线误差较小的曲线。最后分别设定不同的情景方案并计算出 2025 年和 2030 年农业水土资源系统恢复力指数的预测值并进行成因分析，提出可行性建议。具体的设计思路如图 4-9 所示。

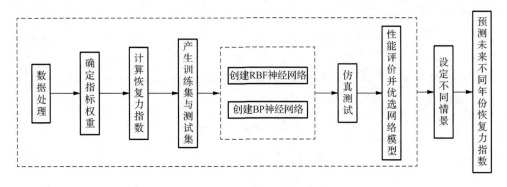

图 4-9　模型设计思路图

4.2.5　实例应用

本节以建三江管理局所辖农场为研究平台，对区域农业水土资源系统恢复力未来演化态势进行研究。

1. 农业水土资源系统恢复力指数构建

本节选取对建三江管理局所辖农场具有重要影响的 8 个具有代表性的指标构建恢复力指数指标体系，每项指标对应的 2001～2016 年的具体数据如表 4-10 所示。

表 4-10　构建恢复力指数指标体系（2001～2016 年）

年份	年降水量/mm	人均绿地面积/（m²/人）	人口密度/（人/km²）	粮食作物单位面积产量/（kg/亩）	人均 GDP/元	工业经济综合效益指数/%	机电井数量/座	有效灌溉面积率/%
2001	546.74	6	15.81	355	12935	113.3	10676	50.21
2002	522.64	9	15.42	271	10116	121.6	10050	44.72
2003	477.64	9	15.75	306	14244	130.1	9423	39.92
2004	495.57	10	16.08	376	18150	137.4	10654	56.65
2005	480.84	10	16.17	436	21697	143.7	13107	46.74
2006	558.63	10	16.19	443	26431	162.6	15750	63.11
2007	531.84	14	16.47	513	30126	159.1	18360	79.53
2008	453.00	15	16.69	506	37478	169.4	20981	66.65
2009	628.22	19	16.82	471	47197	176.7	22934	69.60

续表

年份	年降水量 /mm	人均绿地面积/（m²/人）	人口密度/（人/km²）	粮食作物单位面积产量/（kg/亩）	人均GDP/元	工业经济综合效益指数/%	机电井数量/座	有效灌溉面积率/%
2010	637.44	30	16.98	505	64282	200.5	24193	79.11
2011	512.56	34	19.43	558	78534	246.8	26507	85.83
2012	712.68	39	20.15	646	92334	305.6	28880	99.84
2013	619.92	41	20.08	561	89540	265.5	27857	91.35
2014	533.52	43	19.92	571	83960	230.8	29606	87.12
2015	585.95	51	20.09	585	88401	247.9	30811	85.85
2016	656.77	60	20.58	651	89962	282.0	32012	86.74

注：1 亩≈666.7m²，余同

基于表 4-10 中的农业水土资源系统恢复力评价指标体系，采用熵权法对各个指标进行赋权，赋权结果如表 4-11 所示，其中，$W_1 \sim W_8$ 分别为各个评价指标的权重。

表 4-11　基于熵权法的指标权重

	W_1	W_2	W_3	W_4	W_5	W_6	W_7	W_8
权重	0.1002	0.1615	0.1598	0.0763	0.1544	0.1265	0.1264	0.0949

采用多目标线性加权函数法来计算历年农业水土资源系统恢复力指数，计算公式如下：

$$C_i = \sum_{j=1}^{8} x_{ij} \times W_j, \quad i = 1, 2, \cdots, 16; \ j = 1, 2, \cdots, 8 \qquad (4\text{-}17)$$

式中，C_i——农业水土资源系统恢复力指数；

x_{ij}——指标归一化处理后的数值；

W_j——指标所占权重。

根据农业水土资源系统恢复力指数 C_i 得到 2001～2016 年农业水土资源系统恢复力指数变化趋势，如图 4-10 所示。

按照农业水土资源系统恢复力指数将恢复力划分为五个等级，见表 4-12。

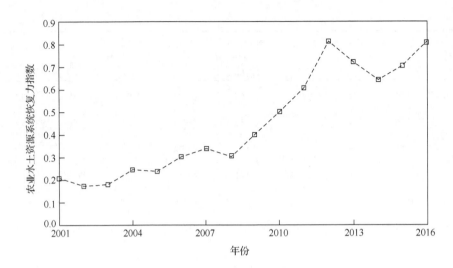

图 4-10　2001~2016 年农业水土资源系统恢复力指数变化趋势图

表 4-12　恢复力指数等级划分

恢复力等级	恢复力指数区间	恢复力程度
I	[1.0 , 0.8)	恢复力很好
II	[0.8 , 0.6)	恢复力较好
III	[0.6 , 0.4)	恢复力弱
IV	[0.4 , 0.2)	恢复力很弱
V	[0.2 , 0.0)	恢复力极弱

　　从评价结果来看，建三江农业水土资源系统恢复力指数整体呈现先增长再下降后又增长的趋势。2011 年以前，大部分年份的恢复力指数均低于 0.6，呈现较弱的农业水土资源系统恢复力状态，主要原因是自 20 世纪 80 年代开始，为改良低湿地，水田面积逐年增长，由于地表水供水设施不足，当地长期开采地下水发展水田。这种地下水依赖型用水模式导致了地下水位下降、土壤环境恶化等一系列问题，破坏了水土资源的平衡，使得农业水土资源系统恢复力较弱。随着经济的大幅度发展与提升，农业机械化水平提高，水土资源质量有所改善，相应地出现水土流失治理率的提高和地下水超采率的降低，建三江管理局所辖农场农业水土资源系统恢复力也开始出现逐渐上升趋势。但这种上升趋势仍未能从源头上控制地下水的超采。

2. 恢复力预测模型优选

一般认为,训练集样本数量占总体样本数量的 2/3～3/4 为宜,剩余的 1/4～1/3 作为测试集样本。同时,尽量使训练集与测试集样本的分布规律近似相同。本节以 2001～2016 年的数据作为测试样本,选取表 4-10 中的 8 个指标作为 BP 神经网络模型与 RBF 神经网络模型的输入,农业水土资源系统恢复力指数作为模型的输出,对模型进行训练和测试。其中,BP 神经网络的参数与 RBF 神经网络的参数数值均采用默认设置,得到 BP 神经网络模型与 RBF 神经网络模型的训练和预测值(表 4-13)及对应的真实值曲线变化(图 4-11)。

表 4-13　BP 神经网络模型与 RBF 神经网络模型预测结果

原始数据		BP 预测结果	绝对误差	相对误差	RBF 预测结果	绝对误差	相对误差
年份	恢复力指数						
2001	0.206	0.162	0.044	21.36%	0.206	0.000	0.0%
2002	0.172	0.166	0.006	3.48%	0.172	0.000	0.0%
2003	0.181	0.186	−0.005	−2.76%	0.181	0.000	0.0%
2004	0.247	0.235	0.012	4.86%	0.222	0.025	10.12%
2005	0.238	0.239	−0.001	−0.42%	0.234	0.004	1.68%
2006	0.302	0.277	0.025	8.28%	0.299	0.002	0.07%
2007	0.342	0.322	0.020	5.85%	0.331	0.011	3.22%
2008	0.306	0.315	−0.009	−2.94%	0.321	−0.015	−4.90%
2009	0.399	0.385	0.014	3.51%	0.423	−0.024	−6.02%
2010	0.503	0.589	−0.086	−17.1%	0.505	−0.002	−0.39%
2011	0.608	0.627	−0.019	−3.13%	0.592	0.016	2.63%
2012	0.814	0.809	0.005	0.61%	0.816	−0.002	−0.25%
2013	0.726	0.680	0.046	6.23%	0.710	0.016	2.20%
2014	0.646	0.583	0.063	9.7%	0.642	0.004	0.62%
2015	0.709	0.606	0.103	14.5%	0.709	0.000	0.0%
2016	0.811	0.692	0.119	14.8%	0.816	−0.005	−0.62%
		最大误差	0.119		最大误差	0.025	
		MAPE/%	0.075		MAPE/%	0.026	

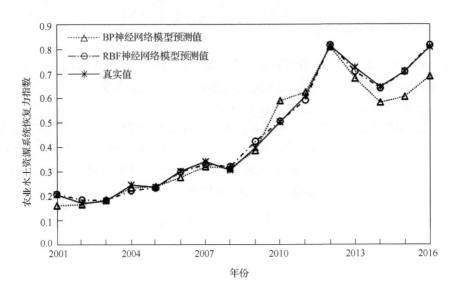

图 4-11 BP 神经网络模型与 RBF 神经网络模型训练与测试模拟曲线

其中，BP 神经网络模型与 RBF 神经网络模型的平均绝对百分误差 MAPE 分别为 0.075%和 0.026%。从图 4-11 可以看出，RBF 神经网络模型的训练阶段、测试阶段与真实值变化曲线相似，且演变趋势相同，而 BP 神经网络模型虽然与真实值变化具有相同趋势，但因研究的问题为预测未来农业水土资源系统恢复力状况，需要较为准确的拟合曲线。因此，选择 RBF 神经网络模型较为合适。

3. 恢复力未来演化情景方案设定

上述指标体系中，每一个指标的变动都会对未来农业水土资源系统恢复力状况产生不同程度的影响。有些指标随时间变化其变化程度较小，且变化趋势不明显，例如，年降水量和人口密度。建三江管理局因处在寒温带湿润季风气候区，常年降水量丰沛，因此年降水量不会有太大的浮动。虽然目前出现了一些人口外迁的现象，人口密度会在原来的基础上有所减小，但减小程度并不大。而有些指标随时间的变化其变化程度较大，且变化趋势明显，例如，人均绿地面积、人均GDP、粮食作物单位面积产量、工业经济综合效益指数等。为了更好地说明农业水土资源系统恢复力指数在不同作用下的变化情况，通过设定三种不同的情景方案分别对建三江管理局所辖农场 2025 年和 2030 年的农业水土资源系统恢复力指数进行预测。在这三种情景方案中，首先计算变化程度小且变化趋势不明显的指标在过去几年内的平均值，然后对其余指标分别进行讨论。

经济的变化势必会带来其余各个维度不同类型指标的变化，因此，本节以经济变化为基点，设定不同情景。

情景 I　基准情景：当地经济发展水平一般，农业水土资源系统方面涉及政策力度一般，自然资源没有大规模的开发与补给，生态环境也展现出较为稳定的状态，技术管理方面除对地下水开发方面严格进行控制外，其余执行力度一般。具体表现为人均绿地面积、粮食作物单位面积产量、人均 GDP、工业经济综合效益指数、有效灌溉面积率这 5 个指标均按照原来的趋势变化；而由于对地下水的严格控制，政府会严格把控机电井数量，因此，机电井数量不会再增加，应在原有的基础上保持不变或略有减少。在基准情景下，2025 年各指标取值如下：①年降水量和人口密度取 2008~2016 年的平均值，分别为 593.34mm 和 18.97 人/km^2；②机电井数量一直维持 2016 年的数值 32012 座不变；③人均绿地面积、粮食作物单位面积产量、人均 GDP、工业经济综合效益指数、有效灌溉面积率 5 项指标在 2008~2016 年平均增长率分别为 3.44%、3.06%、3.78%、3.35%、1.46%。2030 年各指标取值如下：①年降水量和人口密度取 2003~2016 年的平均值，分别为 569.76mm 和 18.13 人/km^2；②机电井数量维持 2016 年的数值 32012 座不变；③人均绿地面积、粮食作物单位面积产量、人均 GDP、工业经济综合效益指数、有效灌溉面积率 5 项指标在 2008~2016 年平均增长率分别为 2.7%、2.6%、3.9%、3.72%、1.59%。

情景 II　低情景：当地对于政府在"十三五"规划中所确立的社会经济发展目标能够基本实现国民经济发展，且形势较为繁荣，政府力度大多集中于经济的发展上，农业水土资源系统恢复力调整政策力度较为放松，未采取进一步的措施对自然资源及生态环境进行保护，未进一步加强技术管理力度或力度相应减小。相对于基准情景，低情景下相关评价指标运行状态呈现出较原来恶化的态势，表现出一些压力。具体表现为：人均 GDP、工业经济综合效益指数以较快的速度增长，实现比 2010 年翻一番的计划；人均绿地面积、粮食作物单位面积产量、有效灌溉面积率 3 项指标增长缓慢甚至出现停滞与衰退，机电井数量控制出现松懈，因管理力度不够，仍有部分区域出现地下水超采现象。在低情景下，参照基准情景，2025 年各指标取值如下：①人均 GDP 按 2010 年人均 GDP 平均值的一倍计算，工业经济综合效益指数按照比基准情景下高的数值计算，取 4.35%（基准情景为 3.35%）；②人均绿地面积按年增长率 2.44%计算，粮食作物单位面积产量按照 2.06%计算，有效灌溉面积率按照年增长率 0.46%计算；③机电井数量增加，以平均增长率 1.48%计算。2030 年各指标取值如下：①人均 GDP 按 2010 年人均 GDP 平均值的一倍计算，工业经济综合效益指数按照比基准情景下高的数值计算，取 4.72%（基准情景为 3.72%）；②人均绿地面积按年增长率 1.7%计算，粮食作物单位面积产量按照 1.6%计算，有效灌溉面积率按照年增长率 0.59%计算；③机电井数量增加，以平均增长率 3.1%计算。

情景Ⅲ 高情景：国民经济发展形势适当缩紧，政府对水土资源的关注度提高，对自然资源的保护与对恢复力的提高政策力度会相对加大。此时的经济发展没有达到预计效益，会进一步对自然资源及生态环境的保护采取合理的措施，对技术管理方面也会加大力度，相对于基准情景，高情景下各项评价指标都会有相应改良的趋势，使得农业水土资源系统达到理想状态。具体表现为：经济方面指标人均 GDP 与工业经济综合效益指数增长率较缓慢甚至停滞；人均绿地面积、粮食作物单位面积产量、有效灌溉面积率这 3 项指标会以调整的政策和措施使得其产生较大突破；机电井数量方面，政府加大力度控制地下水超采现象，严厉惩罚私用、滥用机电井对地下水展开不合格开采的行为，并没收机电井设备，因此机电井数量会有减少的趋势。2025 年各指标取值如下：①人均 GDP 以年均增长率 2.78% 增长，工业经济综合效益指数以年增长率 2.35% 增长；②人均绿地面积按年增长率 4.44% 计算，粮食作物单位面积产量按照年增长率 4.06% 计算，有效灌溉面积率按照年增长率 2.46% 计算；③机电井数量按年均增长率-1.48% 计算。2030 年各指标取值如下：①人均 GDP 以年均增长率 2.9% 增长，工业经济综合效益指数以年增长率 2.72% 增长；②人均绿地面积按年增长率 3.7% 计算，粮食作物单位面积产量按照年增长率 3.6% 计算，有效灌溉面积率按照年增长率 2.59% 计算；③机电井数量按年均增长率-3.1% 计算。

对以上三种情景对应的未来两个年份的每个指标预测值进行总结，得到数值如表 4-14 和表 4-15 所示。

表 4-14　不同情景方案下各评价指标 2025 年的预测值

关键驱动因子	基准情景	低情景	高情景
年降水量/mm	593.339	593.339	593.339
人均绿地面积/m²	78.643	72.763	79.376
人口密度/（人/km²）	18.974	18.974	18.974
粮食作物单位面积产量/（kg/亩）	828.518	766.347	898.059
人均 GDP/元	121050.7	128564	112028.1
工业经济综合效益指数/%	367.057	367.057	339.588
机电井数量/座	32012	36004	28412
有效灌溉面积率/%	97.407	90.922	105.358

表 4-15　不同情景方案下各评价指标 2030 年的预测值

关键驱动因子	基准情景	低情景	高情景
年降水量/mm	569.764	569.764	569.764
人均绿地面积/m²	74.253	69.214	82.201
人口密度/（人/km²）	18.129	18.129	18.129
粮食作物单位面积产量/（kg/亩）	799.392	750.793	894.991
人均 GDP/元	122175.05	128564	116358.07
工业经济综合效益指数/%	377.702	427.087	359.041
机电井数量/座	32012	42134	24112
有效灌溉面积率/%	98.411	91.459	109.188

4. 农业水土资源系统恢复力未来演化态势分析

基于 RBF 神经网络模型，得到 2025 年和 2030 年农业水土资源系统恢复力指数在不同情景方案下的预测结果（表 4-16）。

表 4-16　2025 年和 2030 年农业水土资源系统恢复力指数预测结果

年份	基准情景	低情景	高情景
2025	0.6215	0.7566	0.5192
2030	0.7268	0.8010	0.7115

从表 4-16 可以看出，2025 年和 2030 年建三江管理局所辖农场农业水土资源系统未来恢复力指数较为可观。基准情景下，2025 年和 2030 年的农业水土资源系统恢复力指数分别为 0.6215 和 0.7268，两年份恢复力均属于等级Ⅱ（恢复力较好），说明在正常发展状态下，建三江管理局各农场农业水土资源系统恢复力在一定的发展时间内可以达到较好状态；低情景下，2025 年和 2030 年农业水土资源系统恢复力指数分别为 0.7566 和 0.8010，2025 年恢复力属于等级Ⅱ（恢复力较好），2030 年恢复力属于等级Ⅰ（恢复力很好），说明在稳定发展经济的基础上统筹兼顾地发展其他环境要素，且给予一定的发展时间，可以使恢复力达到很好状态；高情景下，2025 年和 2030 年农业水土资源系统恢复力指数分别为 0.5192 和 0.7115，前者恢复力属于等级Ⅲ（恢复力弱）、后者恢复力属于等级Ⅱ（恢复力较好），说明一味地注重经济的发展对恢复力十分不利。不同年份三种情景的恢复力指数由高到低的排序均为：低情景＞基准情景＞高情景。这种情况产生的原因主

要为经济的发展给当地带来的影响效果不同，当政府主要关注经济的发展时，对农业、工业等产业的经济效益的关注度也会相应提高，因此，对于自然资源、生态系统及技术管理方面的关注会相对减弱，"旧"问题没有解决而又积累了"新"问题，而在资源、技术方面的压力增加将会导致农业水土资源系统恢复力的相应减弱；按照原来的发展程度（基准情景）的农业水土资源系统恢复力指数有所减小，说明经济的发展、自然资源的利用、生态环境的破坏、社会人文的压力、技术方面的管理在总体上没有维持一种能够使农业水土资源系统恢复力持续发展的稳定状态，因此，仍要去协调发展资源、生态、管理等方面的水平；在低情景下，农业水土资源系统的恢复力指数较基准情景下有所提高，但 2025 年未达到恢复力很好（Ⅰ级）的状态，在这一情景下，经济没有达到预期的发展水平，也可认为政府对经济发展的关注度有所下降，因此政府有足够的精力去关注与管理资源的开发数目、污染物排放的控制、退耕还林的速度、机电井使用情况等各种与自然、生态相关的发展措施的实施情况，因此恢复力会有所提高。

综上，经济的发展对于农业水土资源系统恢复力有着决定性影响，而协调自然、生态、社会、经济与技术管理的发展是下一步提高农业水土资源系统恢复力的重要举措。这依旧需要政府加大管理力度：在自然资源方面，维持现有资源的前提下，减少没有必要的水资源与土地资源的利用，资源是区域能够稳定发展的基础，必须给予足够的重视，必要的时候可以使用法律手段减轻资源的破坏与浪费；在生态方面，严格控制废气、废水、固体废物等各种有害物质向自然界的直接排放，增加森林面积，继续开展退耕还林，以减少各类环境生态问题造成的损害；在社会方面，为减缓用水压力及土地资源压力，对地下水的开采量应严格控制在规定范围内，可利用过境水资源，可采用棚户区改造措施减缓土地资源带来的住房压力，并关注改造所带来的生态问题；在经济方面，相关部门对农业、工业生产带来的经济效益的提升持鼓励态度，但不可因贪图经济效益而出现破坏生态环境的问题，尤其农业、工业产生的有害物（如重金属、放射性物质等）的排放问题要严格加以控制并严格避免其直接排放；在技术管理方面，要提高技术效率，提高有效灌溉面积率，提高防洪能力，确保水库调节功能的有效性。

4.3　考虑土壤墒情的区域农业水土资源系统恢复力未来演化态势分析

土壤墒情是农业水土资源系统恢复力的关键驱动因子，通过土壤墒情监测数据进行预测，有利于研究农业水土资源系统恢复力的未来发展态势。本节以红兴隆管理局所辖农场为研究平台，通过 SA-PSO-PP 模型对土壤墒情进行预测，分析考虑土壤墒情的农业水土资源系统恢复力未来演化态势。

径向基函数（radial basis function，RBF）神经网络是前向网络，包含 3 层结构，分别为输入层、隐含层、输出层[32]。RBF 神经网络不需要像 BP 神经网络一样进行训练，其本质是将样本值从一个空间转移到另一个空间，输入层到隐含层之间没有权值。RBF 神经网络会根据预设网络误差不断添加隐含层神经元个数，并动态调整节点中心、标准差等参数，把输入样本映射到另一个空间，经过线性组合后得到最终输出结果[33]。

4.3.1　经验模态分解

经验模态分解（empirical mode decomposition，EMD）是一种信号分析方法，主要应用于时间序列的分解。相比于传统的信号分析方法（傅里叶变换和小波变换）：一方面，EMD 克服了傅里叶变换理论的局限性，能够较好地解释瞬时频率的概念[34-35]；另一方面，EMD 不需要事先确定分解尺度，具有良好的自适应性。时间序列经过 EMD 处理后，会被分解为若干个本征模函数（intrinsic mode function，IMF）和一个剩余分量（residual component，R），其中，剩余分量代表了时间序列的总体变化趋势，本征模函数也称基本模态，基本模态分量则因为具有不同的尺度且相互影响很小，所以有效简化了系统间特征信息的干扰或耦合[36]。

EMD 具体步骤如下[37]。

（1）计算时间序列 $x(t)$ 的局部极大值和局部极小值。

（2）使用三次样条插值法，将所有的局部极大值点连接起来形成上包络线 $x_{max}(t)$，再将所有的局部极小值点连接起来形成下包络线 $x_{min}(t)$，最后获取上下包络线的均值 $m_1(t)$。

$$m_1(t) = \frac{\left[x_{max}(t) - x_{min}(t) \right]}{2} \tag{4-18}$$

（3）计算时间序列 $x(t)$ 与均值 $m_1(t)$ 的差值 $h_1(t)$。

$$h_1(t) = x(t) - m_1(t) \tag{4-19}$$

（4）将插值 $h_1(t)$ 作为新的时间序列，重复上述步骤直至第 k 次，使差值 $h_k(t)$ 能够满足成为 IMF 的条件。判定标准用公式表示为

$$R_k = \frac{\sum_{t=0}^{T} \left| h_{k-1}(t) - h_k(t) \right|^2}{\sum_{t=0}^{T} \left| h_{k-1}(t) \right|^2} \tag{4-20}$$

如果 R_k 大于等于临界值，则判定 $h_k(t)$ 是 IMF。假设分解得到的第一个 IMF 为 $IMF_1(t) = h_k(t)$。

（5）使用原始时间序列 $x(t)$ 减去 $IMF_1(t)$，获得第一个剩余分量 $R_1(t)$，即

$$R_1(t) = x(t) - IMF_1(t) \tag{4-21}$$

（6）将 $R_1(t)$ 作为新的序列并重复以上步骤，最终得到所有 IMF 和剩余分量 $R_n(t)$。

综上所述，原始序列 $x(t)$ 可表示为所有 IMF 和剩余分量 $R_n(t)$ 之和，即

$$x(t) = \sum_{i=1}^{n} IMF_i(t) + R_n(t) \tag{4-22}$$

4.3.2 极限学习机

极限学习机（extreme learning machine，ELM）是一种前向传播的神经网络。与其他神经网络不同的是，ELM 随机生成输入层与隐含层的网络参数（连接权值和神经元阈值），且在训练过程中不需要调整，只要设置好隐含层神经元的个数，便可获得最优输出结果[38-39]。设输入层输入变量个数为 n，输出层输出变量个数为 m，隐含层神经元个数为 L 且激活函数为 $f(x)$，对于 N 个训练样本 $\{x_i, y_i | x_i \in r^n; y_i \in r^m\}(i = 1, 2, \cdots, N)$，ELM 的输出结果可以表示为

$$\sum_{i=1}^{L} \beta_i f(w_i x_i + b_i) = t_j, \quad j = 1, 2, \cdots, N \tag{4-23}$$

式中，β_i——第 i 个隐含层节点的输出权重；

$\quad w_i$——第 i 个隐含层节点的输入权重；

$\quad b_i$——第 i 个隐含层节点的神经元阈值；

$\quad t_j$——第 j 个训练样本的输出结果。

假定 ELM 能以零误差逼近 N 个训练样本时，则存在参数 β_i, w_i, b_i 使得

$$\sum_{i=1}^{L} \beta_i f(w_i x_i + b_i) = y_j, \quad j = 1, 2, \cdots, N \tag{4-24}$$

式（4-24）也可表示为

$$H\beta = Y \tag{4-25}$$

式中，H——ELM 的隐含层输出矩阵；

$\quad \beta$——神经元的输出权重；

$\quad Y$——期望输出。

Huang 等[40]证明，当激励函数 $f(x)$ 无限可微时，在训练中输入权值和阈值不用调整，且在训练中可以随机给出并保持不变。隐含层输出矩阵 H 是一个确定的矩阵，通过求解式（4-25）的最优解，便可得到输出神经元的输出权重 β，即

$$\beta = H^+ Y \tag{4-26}$$

式中，H^+——隐含层的输出矩阵 H 的 Moore-Penrose 广义逆。

ELM 神经网络结构如图 4-12 所示。

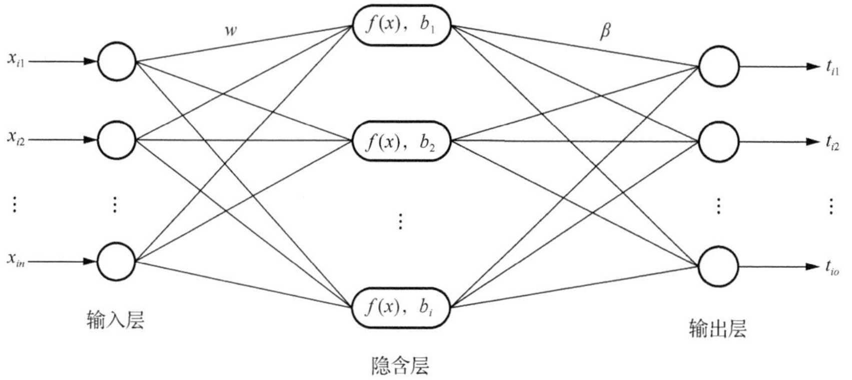

图 4-12 ELM 神经网络结构

4.3.3 粒子群优化极限学习机

根据上述研究可知，ELM 的网络参数是随机生成的，这会在一定程度上导致输出结果的随机性，为了提高模型的预测精度和准确度，本次研究利用粒子群优化算法对 ELM 进行优化。将 ELM 的网络参数（连接权值和神经元阈值）作为粒子群优化算法中的粒子，并将训练样本的均方根误差（root mean square error，RMSE）作为粒子群优化算法的适应度值[41]。根据 RMSE 越小越优的特点，适应度值越小，模型的预测结果就越精确，寻找到的参数就越优。粒子群优化极限学习机（PSO-ELM）的具体步骤如下。

（1）输入样本数据集，即确定输入向量和期望输出向量。

（2）确定 ELM 的参数，包括输入层、隐含层及输出层的神经元个数、激活函数等。

（3）确定粒子群初始化参数。在将 ELM 的连接权值和神经元阈值设定为种群的粒子之后，再选择合适的粒子群参数，包括种群规模、最大迭代次数、加速度因子、粒子维度等。

（4）设定 RMSE 为适应度值，根据 RMSE 求解公式计算每个粒子的适应度值，获取个体极值和种群极值并更新粒子的速度和位置。

（5）迭代即不断重复（2）和（3），迭代终止条件为：达到最大迭代次数或最小误差。停止迭代时的群体极值就是最优输出权值和阈值。

4.3.4 EMD-PSO-ELM 模型

将 EMD 与 PSO-ELM 组合，构建 EMD-PSO-ELM 时间序列预测模型，模型的预测流程如图 4-13 所示。

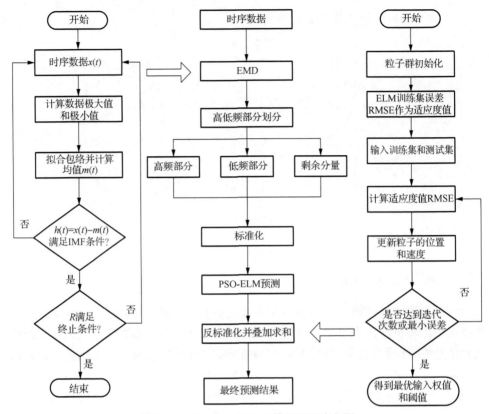

图 4-13　EMD-PSO-ELM 模型预测流程图

具体预测步骤如下：

（1）对原始时间序列进行 EMD，在分解的过程中，采用镜像法减小端点效应[41-42]，分解后获得 n 个不同频率的 IMF 和一个剩余分量。

（2）为了减小因过多预测导致的误差，现对经过 EMD 得到的 IMF 做进一步的处理，即将 n 个 IMF 按照频率高低划分为高频部分、低频部分。

（3）对数据集进行标准化处理，然后利用 PSO-ELM 模型对高频部分、低频部分和剩余分量分别进行训练和预测，得到预测值并进行反标准化处理。

（4）将反标准化处理后的预测值叠加，得到整个原始时间序列的最终预测值。

（5）为判断模型预测效果，采用 RMSE 和决定系数 R^2 作为精度评价指标。

4.3.5　实例应用

1. 原始序列分解与重构

根据资料绘制红兴隆管理局各农场整体上逐月土壤墒情原始序列变化曲线，并添加趋势线，如图 4-14 所示。

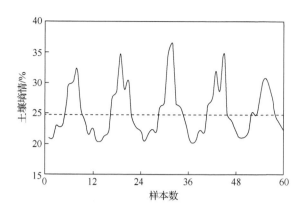

图 4-14　土壤墒情原始序列变化曲线

首先对土壤墒情时间序列进行 EMD,得到 4 个 IMF 和 1 个剩余分量,经 EMD 得到的分量序列如图 4-15 所示。由于 EMD 后的 IMF 比较多,为了减小计算规模,降低预测误差,将 IMF1 作为高频部分,将 IMF2～IMF4 叠加得到低频部分,剩余分量保持不变。低频部分序列如图 4-15(f)所示。

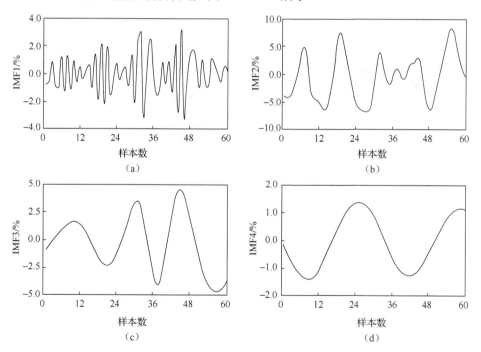

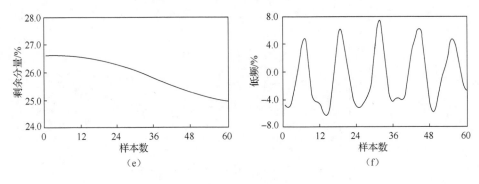

图 4-15　IMF 及剩余分量

由图 4-15 可知，高频部分周期小于 1 年，且以 6 个月的振荡期为主，代表土壤墒情正常的波动（降水、农业生产活动和地下水补给条件等因素耦合作用），其主要振幅为 2%左右，并伴有 3%左右的大振幅；低频部分周期为 1 年左右，代表土壤墒情受重大自然事件或人类活动干扰，其振幅为 4%～7%；剩余分量代表了土壤墒情长期的总体变化趋势（逐渐减小趋势且减小速率不断变小）。

2. 模型拟合与精度检验

将土壤墒情原始时间序列经过 EMD 处理后，采用 PSO-ELM 模型分别对高频部分、低频部分和剩余分量进行建模预测。

PSO-ELM 模型的基本参数设置如下：种群规模 $N=30$，最大迭代次数 $it_{max}=200$，加速度因子 $c_1=1.49$，$c_2=1.49$，粒子维度 $D=(n+1)\cdot L+(L+1)\cdot m$，其中 n 为输入向量维数，L 为隐含层节点数，m 为输出向量维数。各部分 PSO-ELM 模型隐含层神经元个数的确定采用试错法，分别为 5、5、10，将各部分的预测结果叠加在一起就得到土壤墒情预测结果，拟合结果如图 4-16 所示，测试结果如图 4-17 所示。

经计算可知，拟合训练方面，RMSE 为 0.488，决定系数 R^2 达到 0.991，证明 EMD-PSO-ELM 模型在训练阶段具有较高的拟合精度；测试方面，RMSE 为 0.533，决定系数 R^2 达到 0.993，证明 EMD-PSO-ELM 模型在测试阶段具有较高的预测精度；从图 4-16 和图 4-17 也可以看出土壤墒情时序模型拟合与测试效果良好。因此，可以使用 EMD-PSO-ELM 模型对土壤墒情进行预测。

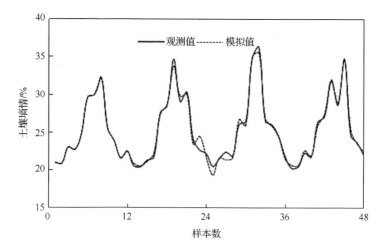

图 4-16　土壤墒情预测模型拟合曲线

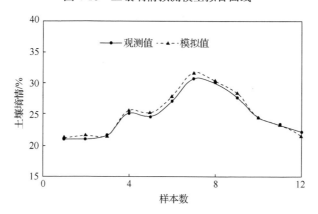

图 4-17　土壤墒情预测模型测试曲线

3. 土壤墒情预测

由于得到的研究区域的逐月土壤墒情数据有限（仅有 2013～2017 年的数据），因此根据所建立 EMD-PSO-ELM 模型对土壤墒情进行外延预测，得到 2018～2021 年逐月土壤墒情数据，如表 4-17 所示。

表 4-17　2018～2021 年土壤墒情预测值

年份	1 月	2 月	3 月	4 月	5 月	6 月	7 月	8 月	9 月	10 月	11 月	12 月
2018	20.49	20.71	20.65	23.96	23.91	28.88	29.69	30.86	29.10	26.96	23.58	21.40
2019	21.28	17.64	20.77	20.94	24.95	26.63	31.90	30.99	29.58	28.02	22.36	22.72

续表

年份	1月	2月	3月	4月	5月	6月	7月	8月	9月	10月	11月	12月
2020	19.71	19.16	17.77	23.08	22.81	26.39	32.63	30.55	30.41	26.23	24.34	20.04
2021	22.98	17.67	17.68	23.45	22.45	26.35	32.13	33.20	26.25	28.65	21.85	19.83

4. 考虑土壤墒情变化的农业水土资源系统恢复力未来演化模拟

假设红兴隆管理局各农场继续以当前模式开发利用农业水土资源,即其他13项驱动因子（降水量、产水系数、单位耕地面积农药施用量、单位耕地面积化肥施用量、万元GDP能耗、农业总产值占GDP比重、农业投资占总投资比重、人均纯收入、气温、蒸发量、地下水埋深、水利资金总投入和粮食单产）继续保持2017年水准,根据土壤墒情预测数据,可以得到2018~2021年评价指标数据,将其进行标准化处理,并带入SA-PSO-PP模型中,得到2018~2021年区域整体农业水土资源系统恢复力投影值,如表4-18所示,并绘制仅考虑土壤墒情变化背景下的农业水土资源系统恢复力投影值变化曲线（2013~2021年）,如图4-18所示。

表4-18　2018~2021年农业水土资源系统恢复力投影值

年份	恢复力投影值
2018	0.9894
2019	0.9683
2020	1.0428
2021	1.0392

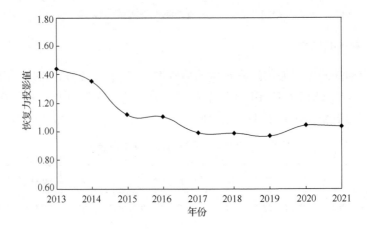

图4-18　2013~2021年农业水土资源系统恢复力投影值变化趋势

根据图 4-18 可知，区域内农业水土资源系统恢复力呈现先下降后趋于平稳的变化趋势，2018~2021 年农业水土资源系统恢复力依旧处于 Ⅱ 级水平，但已经非常接近 Ⅱ—Ⅲ 级临界值 0.9481。总体而言，2013~2021 年，当地农业水土资源系统恢复力投影值年平均降低 3.46%。

5.　模型预测性能对比分析

由于降水量和地下水埋深同样是农业水土资源系统恢复力关键驱动因子，因此，对降水量和地下水埋深进行预测也有助于研究当地农业水土资源系统恢复力未来演变态势。因此，使用 EMD-PSO-ELM 模型对 2013~2017 年逐月降水量和地下水埋深数据进行预测。为了分析 EMD 和 PSO 对 ELM 预测性能的影响，采用 PSO-ELM 模型及传统的 RBF 神经网络[29]对原始土壤墒情时间序列进行建模预测。利用试错法分别确定 PSO-ELM 模型和 RBF 神经网络的神经元个数，其中 PSO-ELM 模型的神经元个数取 20，其余参数与 EMD-PSO-ELM 模型保持一致；RBF 神经网络神经元个数为 10，扩散因子数为 40。拟合结果和测试结果如图 4-19、图 4-20 所示，三种模型拟合精度结果和测试精度结果如表 4-19 所示。

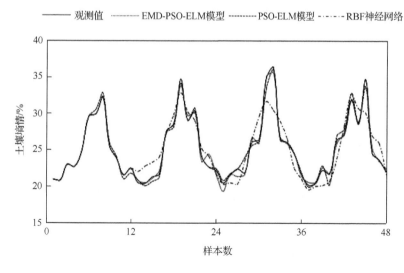

图 4-19　不同土壤墒情预测模型拟合曲线

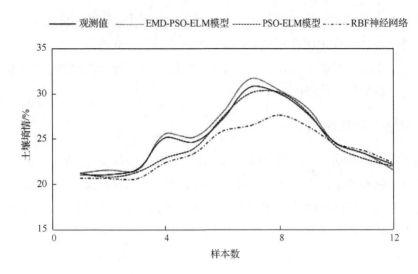

图 4-20　不同土壤墒情预测模型测试曲线

从图 4-19、图 4-20 可以看出，相对于 EMD-PSO-ELM 模型，PSO-ELM 模型、RBF 神经网络的单项预测误差较大，其中 RBF 神经网络在拐点附近偏离真实值最远，而 EMD-PSO-ELM 模型取得了较好的预测效果。

表 4-19　模型拟合精度表

模型	训练		测试	
	RMSE	R^2	RMSE	R^2
RBF 神经网络	1.816	0.832	1.864	0.877
PSO-ELM	0.586	0.983	0.785	0.962
EMD-PSO-ELM	0.488	0.991	0.533	0.993

从表 4-19 可以看出，在同等条件下：①EMD-PSO-ELM 模型预测效果比 PSO-ELM 模型预测效果好：在训练方面，精度指标 RMSE 降低了 16.7%；在测试方面，RMSE 降低了 32.1%；这说明 EMD 能够对非线性的土壤墒情时间序列中的非平稳振荡特征进行提取与表达，达到了降噪的作用，有效提高了预测模型的预测精度。②PSO-ELM 模型的预测效果比传统 RBF 神经网络的预测效果好：在训练方面，精度指标 RMSE 降低了 67.7%，决定系数 R^2 提高了 18.1%；在测试方面，RMSE 降低了 57.9%，决定系数 R^2 提高了 9.7%；这说明 PSO-ELM 模型比传统 RBF 神经网络更适用于土壤墒情时间序列预测。③EMD-PSO-ELM 模型预测效果比 RBF 神经网络预测效果好：在训练方面，精度指标 RMSE 降低了 73.1%，决

定系数 R^2 提高了 19.1%；在测试方面，RMSE 降低了 71.4%，决定系数 R^2 提高了 13.2%。综上所述，EMD-PSO-ELM 模型具有良好的预测精度和效果。

参 考 文 献

[1] 宫兴龙, 付强, 关英红, 等. 土地结构改变对水土资源平衡的影响分析[J]. 农业机械学报, 2018, 49(4): 319-329.

[2] 孙雅茹, 董增川, 刘淼. 基于改进 TOPSIS 法的盐城市水资源承载力评价及障碍因子诊断[J]. 中国农村水利水电, 2018(12): 101-105.

[3] 雷勋平, Qiu R, 刘勇. 基于熵权 TOPSIS 模型的区域土地利用绩效评价及障碍因子诊断[J]. 农业工程学报, 2016, 32(13): 243-253.

[4] 张锐, 刘友兆. 我国耕地生态安全评价及障碍因子诊断[J]. 长江流域资源与环境, 2013, 22(7): 945-951.

[5] 王芳, 汪左, 张运, 等. 基于 MOD16 的安徽省地表蒸散量时空变化特征[J]. 长江流域资源与环境, 2018, 27(3): 523-534.

[6] 孙鸿鹄. 巢湖流域洪涝灾害恢复力时空变化研究[D]. 芜湖: 安徽师范大学, 2016.

[7] 郭荣中, 杨敏华, 申海建. 基于组合赋权法的长沙市耕地生态安全时空测度与演化[J]. 应用基础与工程科学学报, 2018(1): 35-46.

[8] 薛天寒, 张祺, 郭子坚. 基于生态系统服务水平的临港区域土地利用演变研究[J]. 长江科学院院报, 2018, 35(11): 41-44.

[9] Carniello L, Defina A, D'Alpaos L. Morphological evolution of the Venice lagoon: evidence from the past and trend for the future[J]. Journal of Geophysical Research Earth Surface, 2009, 114(4): 2-10.

[10] Quilbe R, Rousseau A N, Moquet J S, et al. Hydrological responses of a watershed to historical land use evolution and future land use scenarios under climate change conditions[J]. Hydrology and Earth System Sciences, 2008, 4(3): 101-110.

[11] 欧定华, 夏建国, 张莉, 等. 区域生态安全格局规划研究进展及规划技术流程探讨[J]. 生态环境学报, 2015, 24(1): 163-173.

[12] 杨青生, 乔纪纲, 艾彬. 基于元胞自动机的城市生态安全格局模拟——以东莞市为例[J]. 应用生态学报, 2013, 24(9): 2599-2607.

[13] 吴娟. 黑土区县级尺度土地利用变化及空间格局模拟研究[D]. 哈尔滨: 黑龙江大学, 2017.

[14] 李少英. 土地利用变化模拟模型及应用研究进展[J]. 遥感学报, 2017, 21(3): 329-340.

[15] 葛方龙, 李伟峰, 陈求稳. 景观格局演变及其生态效应研究进展[J]. 生态环境, 2008, 1(6): 2511-2519.

[16] 何东进, 林立, 游巍斌, 等. 闽东滨海湿地景观格局演化及其模拟[J]. 福建林学院学报, 2013, 33(2): 97-105.

[17] 张楚. 基于 OLS 和 GWR 模型的区域土地适宜性模拟研究——以合肥市包河区为例[J]. 科技视界, 2014(4): 170-171.

[18] 欧维新, 肖锦成, 李文昊. 基于 BP-CA 的海滨湿地利用空间格局优化模拟研究——以大丰海滨湿地为例[J]. 自然资源学报, 2014(5): 744-756.

[19] 邹华, 徐玢玢, 杨朔. 基于熵值法的我国区域创新能力评价研究[J]. 科技管理研究, 2013, 33(23): 56-61.

[20] 费良军, 王锦辉, 王光社, 等. 基于改进熵权-G1-博弈论法的灌区运行状况综合评价[J]. 排灌机械工程学报, 2015, 33(10): 895-900.

[21] Yi J, Qian W, Zhao D, et al. BP neural network prediction-based variable-period sampling approach for networked control systems[J]. Applied Mathematics & Computation, 2007, 185(2): 976-988.

[22] Gao D, Kinouchi Y, Ito K. Neural networks for event detection from time series: a BP algorithm approach[J]. Lecture Notes in Computer Science, 2003, 2658: 784-793.

[23] Nagashino H, Hoshikawa M, Zhang Q, et al. Identification of number of brain signal sources using BP neural networks[J]. Lecture Notes in Computer Science, 2004, 3214: 1074-1080.

[24] 常青. 基于 BP 神经网络的学生数学能力评价模型设计[J]. 电子技术与软件工程, 2017(12): 19.

[25] 贾洪彬. 基于 BP 神经网络的二维 PSD 线性化及应用[D]. 吉林: 长春理工大学, 2009.

[26] Xiong Z B. A modified adaptive genetic BP neural network with application to financial distress analysis[C]// International Conference on Genetic and Evolutionary Computing. IEEE, 2008.

[27] 李帅. 区域农业水土资源系统风险特征及其对种植结构的影响效应研究[D]. 哈尔滨: 东北农业大学, 2018.

[28] 刘小民, 张文斌. 一种基于径向基函数的近似模型构造方法[J]. 燕山大学学报, 2010, 34(5): 390-394.

[29] Fei J, Dan W. Adaptive control of MEMS gyroscope using fully tuned RBF neural network[J]. Neural Computing & Applications, 2017, 28(4): 695-702.

[30] Chen Z Y, Kuo R J. Combining SOM and evolutionary computation algorithms for RBF neural network training[J]. Journal of Intelligent Manufacturing, 2017(2):1-18.

[31] 杨震宇, 王青, 魏新刚, 等. 基于 RBF 神经网络的风力发电机组系统辨识研究[J]. 机电工程, 2017, 34(6): 639-642.

[32] Khan S, Naseem I, Togneri R, et al. A novel adaptive kernel for the RBF neural networks[J]. Circuits Systems & Signal Processing, 2017, 36(4): 1-15.

[33] 谢万里, 蒲斌, 王涛, 等. 人工神经网络在活鱼运输中水质评价的应用[J]. 江苏农业科学, 2019, 47(4): 134-139.

[34] Huang N E, Wu M L, Qu W, et al. Applications of Hilbert-Huang transform to non-stationary financial time series analysis[J]. Applied Stochastic Models in Business and Industry, 2003, 19(3): 245-268.

[35] Huang N E, Shen Z, Long S R, et al. The empirical mode decomposition and the Hilbert spectrum for nonlinear and non-stationary time series analysis[J]. Proceedings of the Royal Society of London. Series A: Mathematical, Physical and Engineering Sciences, 1998, 454(1971): 903-995.

[36] 徐龙琴, 张军, 李乾川, 等. 基于 EMD 和 ELM 的工厂化育苗水温组合预测模型[J]. 农业机械学报, 2016, 47(4): 265-271.

[37] 郑近德, 程军圣. 改进的希尔伯特-黄变换及其在滚动轴承故障诊断中的应用[J]. 机械工程学报, 2015, 51(1): 138-145.

[38] 王守相, 王亚旻, 刘岩, 等. 基于经验模态分解和 ELM 神经网络的逐时太阳能辐照量预测[J]. 电力自动化设备, 2014, 34(8): 7-12.

[39] Huang G B, Zhu Q Y, Siew C K. Extreme learning machine: theory and applications[J]. Neurocomputing, 2006, 70(1): 489-501.

[40] Huang D J, Zhao J P, Su J L. Practical implementation of Hilbert-Huang transform algorithm[J]. Acta Oceanol Sinica, 2003, 22(1): 1-14.

[41] Han F, Yao H F, Ling Q H. An improved evolutionary extreme learning machine based on particle swarm optimization[J]. Neurocomputing, 2013, 116: 87-93.

[42] 胡维平, 莫家玲, 龚英姬, 等. 经验模态分解中多种边界处理方法的比较研究[J]. 电子与信息学报, 2007, 29(6): 1394-1398.

第5章 区域农业水土资源系统恢复力对系统要素的响应特征研究

5.1 区域农业水资源系统恢复力对灌溉用水效率的响应特征研究

5.1.1 灌溉用水效率研究进展

Israelsen[1]早在 1932 年便提出"灌溉效率"（irrigation efficiency）的概念，并将其定义为："作物转化利用的有效灌溉水量与从自然水源处直接引入渠道或渠系的水量之比"。1977 年，国际灌溉排水委员会（International Commission on Irrigation and Drainage, ICID）以 Israelsen 的定义为蓝本，正式提出灌溉水利用效率的标准，将总灌溉效率等值于输水、配水、田间灌水三个不同阶段效率的乘积[2]。Jensen[3]认为以往的忽略了灌溉回归水的灌溉效率指标体系不适用于水资源管理研究，并提出"净灌溉效率"概念。此后，又有大批科研人员不断尝试进一步完善灌溉水利用效率指标体系，如 Hart 等[4]和 Clemmens 等[5]提出了田间潜在灌水效率、田间储水效率等指标。Lankford[6]指出并分析了 13 个影响灌溉用水效率的因素，提出了"可到达效率"（attainable efficiency）的概念，认为完全可以依靠一定技术手段来减少甚至避免灌溉全过程中的某些水量损失，灌溉用水效率的提升需要识别可控损失并减免其数值。灌溉用水效率评价方法方面，Tyteca[7]采用技术上可行的最小水资源使用额与实际使用额之比刻画灌溉用水效率；Perry[8]提出了灌溉用水效率评价准则与理念；Condon 等[9]和 Angus 等[10]先后都提出用植物某一部位在特定时间段内对 CO_2 的吸收与散失比例来描述灌溉用水效率。

灌溉用水效率指标体系研究领域，国内学者前期的研究中往往用灌溉水有效利用系数来刻画灌区的灌溉用水效率，但不少专家提出灌溉水有效利用系数实际上并不能涵盖灌溉水利用率的所有概念。灌溉水利用率应当是一个比灌溉水有效利用系数更为全面的综合性指标，用该综合性指标来定量描述灌区灌溉用水状况才能取得较为科学合理的灌区用水效率水平。其他更精准化、完善化的灌溉水利用效率指标术语陆续被专家学者提出，如作物水分利用效率[11]、水分生产率[12]、灌溉水利用效率[13]，但相关领域的学者仍清醒地认识到灌溉用水效率评价体系架构、内涵方面存在一定局限性。汪富贵[14]经过严谨科学的数学推导，计算出了针对大型灌区的回归水修正系数、越级修正系数，并以此改进传统效率连乘计算式。蔡守华等[13]深入剖析当时指标体系的缺陷，考虑回归水重复利用情况，提出用"灌溉用水效率"取代"灌溉水利用系数"，并在原有的渠系水、渠道水、田间水利用效率三大指标之外增加了一项名为"作物水利用效率"的指标。陈伟等[15]在计算灌溉节水量的研究中也发现了扣除区域内渗漏损失转化为地下水可重复利用水量部分的必要性，引入灌溉水资源利用系数方便了优化灌溉水资源配置，并为区域节水灌溉潜力评价与量化节水潜力表达奠定基础。崔远来等[16]提出对不同灌溉用水效率指标的使用范围要有差异化的具体指标规范，应对指标选取进行科学界定与针对性评估。熊佳等[17]研究了自然、人文因素与灌溉用水效率的联系，得出各因素互相协同关联并不独立存在，没有明显的倍比线性关系。冯保清[18]深入剖析了全国不同地区的灌溉水有效利用系数时空变化特征，辨识关键影响因子，得出导致区域间灌溉水有效利用系数差异的气象状况、地理位置、节水工程状况、灌区类型多维度原因。

灌溉用水效率评价方法方面，自水利部启动全国农业灌溉水利用率测算分析工作以来，各地水利部门及科研院所积极开展了大量现状农业灌溉用水效率的测算评价工作，并研究出了一系列宏观的灌溉用水效率评价方法：王学渊等[19]对有效灌溉面积、作物种植结构等人为因素与日照、降水、蒸发等自然因素这些独立因素进行综合考量，针对大区层面进行灌溉水效率综合评价；韩振中等[20]采取点面结合的方式，对全国范围典型灌区进行首尾测算分析得出基于宏观评价的灌溉用水效率研究结果；李勇等[21]通过综合灌区渠系利用水、灌区田间利用水这两个系统，提出了灌区渠系动态用水效率、灌溉水平衡的概念；黄霞[22]利用渠系水利用系数估算法结果与流量观测法结果进行比对分析，得出测验灌溉用水效率的首尾测算分析法较为精确可行的结论；田建[23]在调研济南市农业水利基本建设状况的基础上，构建了灌溉水利用系数测算网络，运用首尾测算法求得济南市现状灌溉水利用系数，并结合当地经济发展状况提出提升灌区灌溉水利用系数的合理建议。

在评价模型适用性实践验证上，黄修桥[24]运用的动态非线性自回归滑动平均神经网络模型，从人口和经济两大影响灌溉用水需求的维度入手，分析预测了我国中长期灌溉水需求量，并因地制宜地研究了节水灌溉技术体系及其效应评价。

马涛[25]将 Spearman 秩相关系数法与专家咨询法相结合，建立了一套针对辽宁省东港灌区的相对合理的灌区用水效率评价指标体系，最后辨识得出地表水资源量、地下水资源量、农业人口比例、农民人均收入为灌区灌溉用水效率的主控因子。王小军等[26]以区域灌溉水效率对气候变化的响应机理为切入点，分析了样点灌区用水变化过程，研究了灌溉耗水量、经济指标、作物结构等相关指标之间的动态反馈关系，构建了以气候变化为约束条件的灌溉用水效率系统动力学模型，并以此对广东省灌溉用水效率进行了分析评估。谭芳等[27]以湖北省漳河灌区为研究基点，运用主成分分析法筛选灌区灌溉用水效率各影响因素，并建立了回归关系来研究各因素的影响规律。李绍飞等[28]运用改进的模糊物元理论，结合灌溉用水过程及特点，确定评价标准与等级。焦勇等[29]在可变模糊评价中引入信息熵对农业用水效率进行综合评价。刘军等[30]利用随机前沿生产函数评估了灌溉用水技术效率和生产效率。李浩鑫等[31-32]先后尝试用循环修正组合评价模型，以及将主成分分析与 Copula 函数结合来进行灌溉用水效率综合评价。

5.1.2　研究方法

由于灌溉用水效率是一个综合指标，它涉及多维度的分指标，将它纳入水资源系统恢复力的评价指标体系中，可能会涉及指标重叠的问题，故采用主成分分析法对评价指标的原始数据进行"降维"处理，利用原始变量的线性相关组合提取出主成分，并给出综合评判得分[33]。同时，利用因子分析法筛选出江川灌区、梧桐河灌区的水资源系统恢复力主控因子。

5.1.3　实例应用

江川灌区与梧桐河灌区都属于大型灌区，尺度效应较弱，且这两个灌区在三江平原上属于极少数的与农场在地理位置上相贴合的灌区，是极佳的研究区。江川灌区由江川农场和宝山农场组成，梧桐河灌区由梧桐河农场与宝泉岭农场组成，恢复力的指标数据只需将两个农场的基础数据稍作整合便可直接移用至灌区研究之中。本次研究水资源系统恢复力采用 2011～2015 年数据，提出基于 DPSIR 模型的水资源系统恢复力综合评价指标体系，具体如图 5-1 所示。

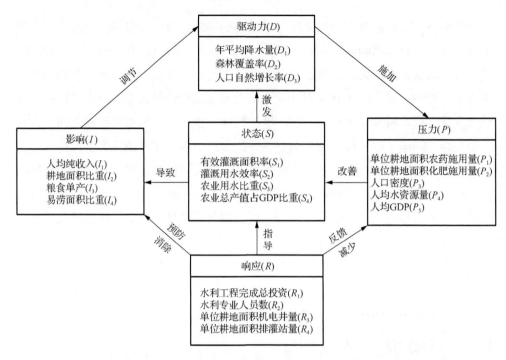

图 5-1　基于 DPSIR 模型的水资源系统恢复力综合评价指标体系

以江川灌区为例，根据上述五年（2011～2015 年）的数据，通过 SPSS 软件的计算，定量化研究江川灌区水资源系统恢复力主控因子影响效应，得到各因子相关系数矩阵见表 5-1。

分析表 5-1 可知，D_1～R_4 这 20 项指标之间存在较高的相关关系，这是进行主成分因子分析的前提和基础，也说明了对这 20 项指标进行降维化的主成分分析有其必要性和科学性。依次横向分析可看出，D_3 与 P_1，D_3 与 P_5，D_3 与 S_2，D_3 与 I_2，D_3 与 I_4，D_3 与 R_2 相关系数分别高达 0.988，0.985，0976，0.979，0.975，0988；P_1 与 P_5，P_1 与 S_2，P_1 与 I_2，P_1 与 I_4 相关系数分别高达 0.980，0.990，0.970，0.990；P_2 与 P_3，P_2 与 S_4，P_2 与 R_2 相关系数分别高达 0.970，0.910，0.970；P_5 与 S_2，P_5 与 I_2，P_5 与 I_4 相关系数分别高达 0.956，0.987，0.938；S_1 与 R_4 相关系数高达 0.927；S_2 与 I_2，S_2 与 I_4 相关系数分别高达 0.953，0.986；I_2 与 I_4 相关系数高达 0.927，定量化地明确了进行主成分因子分析的可行性。

表 5-1　相关系数矩阵

指标	D_1	D_2	D_3	P_1	P_2	P_3	P_4	P_5	S_1	S_2
D_1	1.000	-0.131	-0.253	-0.271	-0.173	-0.197	-0.045	-0.231	0.137	-0.315
D_2		1.000	-0.875	-0.881	-0.012	-0.094	0.855	-0.836	-0.762	-0.881
D_3			1.000	0.988	0.352	0.450	-0.871	0.985	0.760	0.976
P_1				1.000	0.292	0.395	-0.850	0.980	0.745	0.990
P_2					1.000	0.970	-0.520	0.484	0.572	0.251
P_3						1.000	-0.531	0.563	0.545	0.354
P_4							1.000	-0.912	-0.982	-0.834
P_5								1.000	0.831	0.956
S_1									1.000	0.713
S_2										1.000
S_3										
S_4										
I_1										
I_2										
I_3										
I_4										
R_1										
R_2										
R_3										
R_4										

指标	S_3	S_4	I_1	I_2	I_3	I_4	R_1	R_2	R_3	R_4
D_1	0.411	0.072	-0.213	-0.225	0.808	-0.372	0.213	-0.131	-0.613	-0.062
D_2	0.803	0.301	-0.262	-0.833	-0.564	-0.812	-0.283	-0.875	-0.443	-0.151
D_3	-0.995	-0.041	0.617	0.979	0.113	0.975	0.518	0.988	0.315	0.315
P_1	-0.990	-0.115	0.580	0.970	0.124	0.990	0.442	0.292	-0.212	0.354
P_2	-0.392	0.910	0.672	0.501	-0.485	0.251	0.792	0.970	0.131	-0.762
P_3	-0.482	0.852	0.821	0.570	-0.473	0.375	0.871	-0.531	-0.324	0.301
P_4	0.845	-0.212	-0.441	-0.943	-0.252	-0.750	-0.567	-0.912	0.301	-0.372
P_5	-0.981	0.103	0.644	0.987	0.051	0.938	0.582	0.411	0.808	-0.881
S_1	-0.734	0.315	0.342	0.861	0.243	0.625	0.543	0.034	-0.485	0.927
S_2	-0.981	-0.162	0.542	0.953	0.172	0.986	0.392	0.063	0.411	0.570

续表

指标	S_3	S_4	I_1	I_2	I_3	I_4	R_1	R_2	R_3	R_4
S_3	1.000	0.022	−0.613	−0.971	0.041	−0.983	−0.451	0.625	−0.041	0.072
S_4		1.000	0.491	0.131	−0.443	−0.151	0.715	0.491	0.113	0.072
I_1			1.000	0.625	−0.324	0.623	0.871	0.022	0.103	−0.225
I_2				1.000	0.063	0.927	0.571	−0.981	−0.441	−0.315
I_3					1.000	0.034	−0.062	0.713	−0.834	−0.045
I_4						1.000	0.411	0.831	0.484	−0.762
R_1							1.000	−0.912	0.450	0.572
R_2								1.000	−0.271	−0.871
R_3									1.000	−0.212
R_4										1.000

表 5-2　特征值和贡献率

成分	初始特征值			提取平方和载入		
	合计	方差贡献率/%	累积贡献率/%	合计	方差的贡献率/%	累积贡献率/%
1	10.557	60.941	60.941	10.557	60.941	60.941
2	3.812	22.351	83.292	3.812	22.351	83.292
3	2.117	12.410	95.702	2.117	12.410	95.702
4	0.761	4.452	100	—	—	—
5	6.975×10^{-16}	4.112×10^{-15}	100	—	—	—
6	3.987×10^{-16}	2.352×10^{-15}	100	—	—	—
7	2.783×10^{-16}	1.651×10^{-15}	100	—	—	—
8	1.940×10^{-16}	1.138×10^{-15}	100	—	—	—
9	1.208×10^{-16}	7.112×10^{-16}	100	—	—	—
10	-1.181×10^{-17}	-6.932×10^{-17}	100	—	—	—
11	-8.629×10^{-17}	-5.084×10^{-16}	100	—	—	—
12	-1.771×10^{-16}	-1.039×10^{-15}	100	—	—	—
13	-3.179×10^{-16}	-1.881×10^{-15}	100	—	—	—
14	-3.425×10^{-16}	-2.011×10^{-15}	100	—	—	—

续表

成分	初始特征值			提取平方和载入		
	合计	方差贡献率/%	累积贡献率/%	合计	方差的贡献率/%	累积贡献率/%
15	-3.858×10^{-16}	-2.283×10^{-15}	100	—	—	—
16	-4.069×10^{-16}	-2.415×10^{-15}	100	—	—	—
17	-4.254×10^{-16}	-2.621×10^{-15}	100	—	—	—
18	-4.315×10^{-16}	-2.491×10^{-15}	100	—	—	—
19	-4.682×10^{-16}	-2.703×10^{-15}	100	—	—	—
20	-5.012×10^{-16}	-2.894×10^{-15}	100	—	—	—

由表 5-2 可以看出，SPSS 筛选出了 3 个主成分，对应的特征值依次为 10.557、3.812、2.117，这 3 个特征值都大于 1，方差贡献率分别为 60.941%、22.351%、12.410%，累积贡献率为 95.702%，主成分分析中对于累积贡献率的要求是大于 85%，显然前 3 个主成分已经到达了这一要求，所以可将这 3 个主成分作为代表对水资源系统恢复力进行研究。

作公共因子碎石图以便直观地看出公共因子特征值的变化情况，如图 5-2 所示，前 3 个公共因子特征值下降非常明显，折线的斜率很大，而且可以清晰地看出折线趋于稳定状态是从第 4 个因子开始的，因此可用前 3 个公共因子来代表江川灌区农业水资源系统恢复力的总体信息态势。

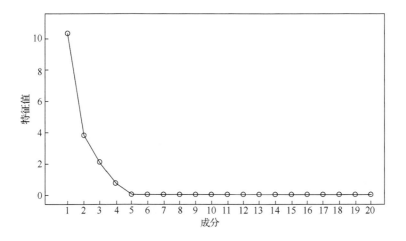

图 5-2　公共因子碎石图

　　水资源系统中各因子对水资源系统恢复力的影响程度与主成分荷载矩阵中的系数成正比，分析表 5-3 可知，第一主成分与人口自然增长率(D_3)、单位耕地面积农药施用量(P_1)、人均 GDP(P_5)、灌溉用水效率(S_2)、耕地面积比重(I_2)、易涝面积比重(I_4)高度相关，荷载矩阵系数分别为 0.968，0.947，0.993，0.926，0.987，0.923，都超过了 0.900。且从表 5-4 分析可知，旋转后的荷载系数分别为 0.977，0.986，0.948，0.994，0.951，0.959，也都大于 0.900，说明了这 6 个因子对江川灌区水资源系统恢复力有重要的影响作用，是江川灌区水资源系统恢复力的主控因子。

表 5-3　主成分荷载矩阵

指标	主成分 F		
	F_1	F_2	F_3
D_1	−0.212	−0.149	0.947
D_2	−0.789	0.558	−0.221
D_3	0.968	−0.211	−0.102
P_1	0.947	−0.272	−0.131
P_2	0.548	0.803	0.112
P_3	0.642	0.771	0.064
P_4	−0.916	0.098	−0.280
P_5	0.993	−0.094	−0.038
S_1	0.837	−0.014	0.361
S_2	0.926	−0.310	−0.172
S_3	−0.954	0.145	0.241
S_4	0.192	0.932	0.302
I_1	0.687	0.487	−0.087
I_2	0.987	−0.076	−0.019
I_3	0.031	−0.691	0.721
I_4	0.923	−0.248	−0.258
R_1	0.649	0.572	0.379
R_2	0.486	−0.213	0.065
R_3	0.688	−0.693	−0.792
R_4	0.251	0.117	−0.235

表 5-4　主成分荷载旋转矩阵

指标	主成分 F		
	F_1	F_2	F_3
D_1	-0.231	0.058	0.961
D_2	-0.919	0.122	-0.358
D_3	0.977	0.169	-0.051
P_1	0.986	0.113	-0.059
P_2	0.189	0.951	-0.147
P_3	0.292	0.937	-0.175
P_4	-0.849	-0.361	-0.265
P_5	0.948	0.313	-0.036
S_1	0.735	0.421	0.331
S_2	0.994	0.047	-0.091
S_3	-0.957	-0.182	0.188
S_4	-0.214	0.972	-0.012
I_1	0.473	0.682	-0.248
I_2	0.951	0.321	-0.018
I_3	0.188	0.486	0.473
I_4	0.959	-0.173	0.295
R_1	0.684	0.734	-0.848
R_2	-0.359	0.187	0.423
R_3	0.675	-0.238	-0.787
R_4	-0.687	0.151	0.256

由表 5-3 的主成分荷载矩阵可推出表 5-5 的主成分系数矩阵，记 H 为荷载矩阵，H 的表达式由表 5-3 确定，如下：

$$H=\left(h_{ij}\right)_{20\times3}=\begin{bmatrix} -0.212 & -0.149 & 0.947 \\ -0.789 & 0.558 & -0.221 \\ \vdots & \vdots & \vdots \\ 0.251 & 0.117 & -0.235 \end{bmatrix} \qquad (5\text{-}1)$$

因子荷载系数 h_{ij} 与主成分系数 u_{ij} 之间的关系式：

$$u_{ij}=h_{ij}/\sqrt{\lambda_j} \qquad (5\text{-}2)$$

式中，λ_j ——主成分的特征值，由表 5-2 确定，λ_1 为 10.557、λ_2 为 3.812、λ_3 为 2.117，依照式（5-2）可求得表 5-5。

表 5-5　主成分系数矩阵

指标	主成分 F		
	F_1	F_2	F_3
D_1	-0.065	-0.077	0.651
D_2	-0.243	0.287	-0.152
D_3	0.298	-0.109	-0.070
P_1	0.291	-0.140	-0.090
P_2	0.169	0.413	0.077
P_3	0.198	0.397	0.044
P_4	-0.282	0.050	-0.192
P_5	0.306	-0.048	-0.026
S_1	0.258	-0.007	0.248
S_2	0.285	-0.159	-0.118
S_3	-0.294	0.075	0.166
S_4	0.059	0.479	0.208
I_1	0.211	0.250	-0.060
I_2	0.304	-0.039	-0.013
I_3	0.010	-0.355	0.496
I_4	0.284	-0.128	-0.177
R_1	0.200	0.294	0.260
R_2	0.150	-0.110	0.045
R_3	0.212	-0.356	-0.544
R_4	0.077	0.060	-0.162

由表 5-5 可得主成分系数表达式：

$F_1 = -0.065D_1 - 0.243D_2 + 0.298D_3 + 0.291P_1 + 0.169P_2 + 0.198P_3 - 0.282P_4 + 0.306P_5 + 0.258S_1 + 0.285S_2 - 0.294S_3 + 0.059S_4 + 0.211I_1 + 0.304I_2 + 0.010I_3 + 0.284I_4 + 0.200R_1 + 0.150R_2 + 0.212R_3 + 0.077R_4$

$F_2 = -0.077D_1 + 0.287D_2 - 0.109D_3 - 0.140P_1 + 0.413P_2 + 0.397P_3 + 0.050P_4 - 0.048P_5 - 0.007S_1 - 0.159S_2 + 0.075S_3 + 0.479S_4 + 0.250I_1 - 0.039I_2 - 0.335I_3 - 0.128I_4 + 0.294R - 0.110R_2 - 0.356R_3 + 0.060R_4$

$F_3 = 0.651D_1 - 0.152D_2 - 0.070D_3 - 0.090P_1 + 0.077P_2 + 0.044P_3 - 0.192P_4 - 0.026P_5 + 0.248S_1 - 0.118S_2 + 0.166S_3 + 0.208S_4 - 0.060I_1 - 0.013I_2 + 0.496I_3 - 0.177I_4 + 0.260R_1 + 0.045R_2 - 0.544R_3 - 0.162R_4$

最后由综合主成分评分公式：

$$F = \frac{\lambda_1}{\sum\limits_{i=1}^{3}\lambda_i}F_1 + \frac{\lambda_2}{\sum\limits_{i=1}^{3}\lambda_i}F_2 + \frac{\lambda_3}{\sum\limits_{i=1}^{3}\lambda_i}F_3 \tag{5-3}$$

得主成分综合评分值，列于表 5-6。

表 5-6　水资源系统恢复力主成分综合评分值

灌区	2011 年	2012 年	2013 年	2014 年	2015 年
江川	1.259	0.95	1.215	1.258	1.584
梧桐河	0.747	0.986	0.742	0.916	1.102

根据上述方法分别筛选得到江川灌区和梧桐河灌区的水资源系统恢复力主控因子，两个灌区主控因子的对比情况见表 5-7。

表 5-7　灌区水资源系统恢复力主控因子

灌区	主控因子
江川	人口自然增长率(D_3)、单位耕地面积农药施用量(P_1)、人均 GDP(P_5)、灌溉用水效率(S_2)、耕地面积比重(I_2)、易涝面积比重(I_4)
梧桐河	人口密度(P_3)、灌溉用水效率(S_2)、人均纯收入(I_1)、耕地面积比重(I_2)

由表 5-7 可知，灌溉用水效率(S_2)无论对于江川灌区还是梧桐河灌区都是主控因子，说明灌溉用水效率对于水资源系统恢复力具有重要的意义，而前人的研究极少关注这种意义与联系。

将 2011～2015 年江川灌区与梧桐河灌区历年的水资源系统恢复力主成分综合评分值、灌溉用水效率指数列出，见表 5-6 和表 5-8。

表 5-8　灌溉用水效率指数

灌区	2011 年	2012 年	2013 年	2014 年	2015 年
江川	0.459	0.403	0.445	0.587	0.634
梧桐河	0.146	0.312	0.299	0.343	0.401

用 Pearson 相关系数法分析表 5-6 和表 5-8 同一灌区历年灌溉用水效率指数与水资源系统恢复力得分的相关关系，结果见表 5-9。

表 5-9　灌溉用水效率指数与水资源系统恢复力得分 Pearson 相关系数

		江川灌区		梧桐河灌区	
		灌溉用水效率指数	水资源系统恢复力得分	灌溉用水效率指数	水资源系统恢复力得分
Pearson 相关系数 显著性（双尾）	灌溉用水效率指数	1.000 0	0.745 0.149	1.000 0	0.777 0.122
Pearson 相关系数 显著性（双尾）	水资源系统恢复力得分	0.745 0.149	1.000 0	0.777 0.122	1.000 0

注：样本数量为 5

由表 5-9 可知，江川灌区灌溉用水效率指数与水资源系统恢复力得分的 Pearson 相关系数为 0.745，梧桐河灌区灌溉用水效率指数与水资源系统恢复力得分的 Pearson 相关系数为 0.777，说明灌溉用水效率与水资源系统恢复力具有较为明显的正相关关系，提升灌溉用水效率有利于增强水资源系统恢复力。

5.2　区域农业水土资源系统恢复力对农业水土环境的响应特征研究

5.2.1　农业水土环境特征研究进展

农业水土环境系统是农业水土环境研究的客观对象，它有放射状结构。整个系统分为农业水土环境和人类农业活动两大子系统，再划分出更小的子系统及第 3 级和第 4 级构成因素。农业水土环境系统作为一个专门性系统除具有系统的共同特征外，还有开放性、相对稳定性[34]、等级包容性、可拓展性及鲜明的社会历史性（生产力水平决定性）[35]。区域农业水土环境系统的状态可由人类农业活动对农业水土环境要素及其构成类型的占有程度描述。

目前我国农业水土环境问题较为严重，学者对农业水土环境进行了积极探索，取得了较多成果。汪恕诚[36]和韩东[37]提出了水土流失严重的问题；张胜利等[38]和骆建国等[39]以西北地区为例，提出了我国土地荒漠化加剧的问题；方群和成自勇等提出了我国水资源严重短缺，生产、生活、生态用水矛盾加剧的问题，且论证了我国水资源分布不均、水资源供需矛盾及水资源调节成本高等问题，同时指出了北方地区容易沙漠化、干旱，南方地区容易形成洪涝灾害的原因[40-41]；刘佳骏等[42]和陈隆亨等[43]提出了我国水体过度开采和污染现象严重的问题；李建设等提出我国土壤次生盐渍化程度趋重，且土壤次生盐渍化是危及我国农业发展的一个重要问题[44]；成自勇等[45]和李佩成[46]提出目前我国受污染的耕地约有 1000 万 hm²，污水灌溉污染耕地 216.7 万 hm²，固体废弃物堆存占地和毁田 13.3 万 hm²，合计约占耕地总面积的 1/10 以上。

国外学者对地下水水质研究较为广泛，土壤质量评价尚处于起步阶段。Vasanthavigar 等将水质指数（water quality index，WQI）法应用于印度 Tamilnadu 地区 Thirumanimuttar 子流域的地下水水质评价，并揭示出该地区地下水水质逐渐恶化的现象[47]；Liu 等应用因子分析法评价了中国台湾乌脚病地区的地下水水质，并得出地下水过量开采是造成沿海地区地下水盐度过高和砷污染主要原因的结论[48]；Li 等应用粗糙集属性约简（rough set attribute reduction，RSAR）和逼近理想解排序法相耦合的方法评价了中国西北半干旱地区的地下水水质，结果表明，属性约简后的评价结果与属性约简前的评价结果具有良好的一致性[49]；Singh 等应用模糊综合评价法对印度 Southern Haryana 地区饮用水水源地的地下水水质进行了评价，结果表明该地区地下水可用作饮用水且无健康隐患[50]。

5.2.2　研究方法

影响农业水土资源系统恢复力的因素众多，各因素之间的相互关系复杂多变，极易受空间尺度影响，因此需要对各个农场的农业水土资源系统恢复力驱动机制进行针对性研究。为了能确定每个驱动因子对各农场农业水土资源系统恢复力的驱动力，并明确这些驱动因子的相互关系，应用 DEMATEL 法分别对建三江管理局 15 个农场进行分析，计算各农场恢复力驱动因子的综合影响系数并绘制恢复力驱动因子的原因-结果图。

5.2.3　实例应用

本节采用 DEMATEL 法，以建三江管理局各农场恢复力驱动因子为对象，采用 2016 年统计数据（水质与土质数据来自 2016 年 4 月及 10 月对建三江管理局

15 个农场的两次采样，其余数据从黑龙江省农垦建三江管理局收集，利用 2016 年度《建三江农垦统计年鉴》及《建三江水利年报》)，分别计算建三江管理局 15 个农场水资源系统恢复力驱动指数，研究建三江管理局各农场水资源系统恢复力驱动机制。

以七星农场为例进行计算, 计算七星农场农业水土资源系统各驱动因子的影响度 A、被影响度 B、中心度 M 和原因度 U，确定综合影响关系，如表 5-10 所示。

表 5-10　综合影响关系表

驱动因子	A	B	M	U
降水量（X_1）	1.184	0.532	1.867	0.843
人口数量（X_2）	1.168	1.023	2.256	0.546
人口增长率（X_3）	1.623	0.754	2.249	-0.178
社会总产值（X_4）	0.692	0.732	1.985	0.986
农膜使用量（X_5）	1.613	0.754	4.017	-3.058
农药施用量（X_6）	1.750	0.853	1.987	-0.587
万元 GDP 能耗（X_7）	1.512	0.954	3.857	-2.737
耕地灌溉率（X_8）	1.536	0.756	2.256	1.157
人均水资源量（X_9）	1.954	0.501	1.987	0.587
土壤质量综合指数（X_{10}）	2.361	0.375	2.735	1.985
地下水水质综合指数（X_{11}）	1.712	0.358	2.074	1.395
人均 GDP（X_{12}）	0.915	0.285	3.548	-0.937
耕地面积比重（X_{13}）	1.124	0.394	2.058	0.997
供水模数（X_{14}）	0.917	0.671	3.426	0.756
生态环境用水率（X_{15}）	0.918	0.781	3.158	-1.972
森林覆盖率（X_{16}）	1.347	0.691	3.214	-1.237
水土流失治理率（X_{17}）	1.578	0.324	2.567	0.647
工业水重复利用率（X_{18}）	1.564	0.571	3.024	0.357

根据表 5-10，绘制七星农场农业水土资源系统恢复力驱动因子的原因-结果图，得出各驱动因子的重要性排序。根据综合影响关系表，应用 Origin Smooth 平滑曲线将各驱动因子原因度 U 标注在坐标系上，如图 5-3 所示。

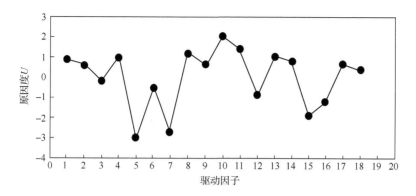

图 5-3　七星农场农业水土资源系统恢复力驱动因子的原因-结果图

由图 5-3 可知，七星农场农业水土资源系统恢复力的原因驱动因子（原因度大于零的驱动因子），按原因度由大到小排序前五位为：X_{10}（土壤质量综合指数）、X_{11}（地下水水质综合指数）、X_8（耕地灌溉率）、X_{13}（耕地面积比重）、X_4（社会总产值）。由各原因驱动因子导致的结果驱动因子（原因度小于零的驱动因子）。按作用由小到大排序前五位为：X_5（农膜使用量）、X_7（万元 GDP 能耗）、X_{15}（生态环境用水率）、X_{16}（森林覆盖率）、X_{12}（人均 GDP）。

将识别出的建三江管理局各农场农业水土资源系统恢复力关键驱动因子进行汇总，如表 5-11 所示。

表 5-11　各农场关键驱动因子

农场	驱动因子	
	原因驱动因子	结果驱动因子
七星	X_4、X_8、X_{10}、X_{11}、X_{13}	X_5、X_7、X_{12}、X_{15}、X_{16}
八五九	X_8、X_{10}、X_{11}、X_{13}、X_{17}	X_3、X_7、X_{12}、X_{15}、X_{16}
前进	X_8、X_{10}、X_{11}、X_{13}、X_{17}	X_5、X_6、X_7、X_{15}、X_{16}
前锋	X_8、X_{10}、X_{11}、X_{13}、X_{17}	X_3、X_7、X_{12}、X_{15}、X_{16}
勤得利	X_4、X_8、X_{10}、X_{11}、X_{13}	X_5、X_6、X_7、X_{15}、X_{16}
创业	X_2、X_{10}、X_{11}、X_{13}、X_{17}	X_3、X_7、X_{12}、X_{15}、X_{16}
胜利	X_5、X_6、X_9、X_{10}、X_{11}	X_3、X_7、X_{12}、X_{15}、X_{16}
红卫	X_4、X_{10}、X_9、X_{11}、X_{13}	X_5、X_6、X_7、X_{15}、X_{16}

农场	驱动因子	
	原因驱动因子	结果驱动因子
二道河	X_9、X_{10}、X_{11}、X_{17}、X_{18}	X_7、X_{12}、X_{14}、X_{15}、X_{16}
大兴	X_{10}、X_{11}、X_{13}、X_{17}、X_{18}	X_3、X_7、X_{12}、X_{14}、X_{16}
浓江	X_4、X_8、X_{10}、X_{11}、X_{17}	X_3、X_7、X_{14}、X_{15}、X_{16}
青龙山	X_5、X_6、X_{10}、X_{11}、X_{13}	X_5、X_6、X_7、X_{12}、X_{16}
洪河	X_4、X_8、X_{10}、X_{11}、X_{13}	X_5、X_6、X_7、X_{15}、X_{16}
前哨	X_9、X_{10}、X_{11}、X_{13}、X_{17}	X_6、X_7、X_{12}、X_{15}、X_{16}
鸭绿河	X_4、X_8、X_{10}、X_{11}、X_{17}	X_3、X_7、X_{12}、X_{15}、X_{16}

原因驱动因子对各农场农业水土资源系统恢复力起决定性的作用，由表 5-10 可知，各农场的原因驱动因子都包括 X_{10}（土壤质量综合指数）、X_{11}（地下水水质综合指数），且 X_{13}（耕地面积比重）在 15 个农场中出现 11 次，X_{17}（水土流失治理率）在 15 个农场中出现 9 次，X_8（耕地灌溉率）在 15 个农场中出现 8 次，说明这 5 个驱动因子决定着整个区域的农业水土资源系统恢复力水平，决策者必须根据这几个因素制订恢复力应对计划，采取控制措施。各农场的结果驱动因子都包括 X_7（万元 GDP 能耗）、X_{16}（森林覆盖率），且 X_{15}（生态环境用水率）在 15 个农场中出现 13 次，X_{12}（人均 GDP）在 15 个农场中出现 10 次，X_3（人口增长率）在 15 个农场中出现 7 次，由于结果驱动因子极易受到其他恢复力驱动因子的影响，说明这 5 个驱动因子容易被其他因素影响，极不稳定，必须对这些驱动因子进行监测，根据它们的变化情况来预测农业水土资源系统恢复力情况，从而制订恢复力建设路径。

建三江管理局各农场水土资源存在开发利用程度低、空间不匹配、恢复能力较低等特点，并且现行的水土资源利用方式将严重制约未来社会经济的发展。因此，在分析水土资源开发利用现状的基础上，提出水土资源的恢复力建设路径，为各农场维持农业大系统稳定性提供决策依据。针对各农场都存在的原因驱动因子 X_{10}（土壤质量综合指数）、X_{11}（地下水水质综合指数），提出以下措施。

（1）合理配置水资源。

水资源的合理配置是指在特定的流域或区域内，以可持续发展为原则，对所有可利用的水资源，通过工程措施和非工程措施调节其天然时空分布，在不同需水部门之间及需水部门内部进行科学分配，尽可能提高区域整体用水效率，实现水土环境良性循环，获得最大的经济效益、社会效益和环境效益。由于区域内地形和地质构造的差异，中部农场如前进农场、创业农场、前锋农场单位耕地面积水资源量较少，而境内拥有界江的勤得利农场、八五九农场水资源却较为丰富，其可通过流域内区域之间的调水实现水资源的空间配置。当地需水部门之间的水资源配置应以区域为单元，对生活用水、生产用水和生态用水统一配置，在保障生活稳定、生产发展的同时，维持和改善生态环境。

（2）合理配置土地资源。

土地资源优化配置是为了达到一定的生态经济最优目标，依据土地特性和土地系统原理，依靠一定的科学技术和管理手段，对区域有限的土地资源利用结构和方向，在空间尺度上，多层次进行安排、设计、组合和布局以提高土地利用效率和效益，维持土地生态系统的相对平衡，实现土地资源的可持续利用。土地资源优化配置是提高土地利用节约集约程度的重要措施，也是实现土地资源可持续利用的根本保证。土地资源的优化配置主要体现在农业生产中，根据区域的水资源状况和水资源数量进行种植结构的合理调整和布局，使有限的水资源发挥最大的优势。与此同时，应在充分分析各农场农作物种植比较优势的基础上，以单位土地面积上可能获得最大纯收益为依据，调整农作物种植结构，如单一的水稻种植，实现农业土地资源的优化配置。

（3）实行用地与养地相结合，不断提高土壤质量，保证土地的可持续利用和粮食安全生产。

由于长期掠夺式经营，重开荒轻治理、垦建脱节，土壤肥力逐年下降并趋于贫瘠化。因此，在严格控制化肥施用量的同时，应落实耕地培肥工作，采用秸秆还田、增施有机肥等土壤改良技术，改善土壤结构，提高土壤质量和土壤肥力。

（4）充分发挥水肥耦合效应。

通过减少灌溉水量和化肥施用量，提高土壤中养分的积累，改善土壤结构，减轻日益加剧的农田面源污染，改善农业生态环境。虽然当地土壤肥沃，单位耕地面积施用化肥量低于全国平均水平，但由于作物对化肥的利用效率有限，残留的化学物质将进入土壤和地下水中，造成土壤的非点源污染。为此，应从提高化肥利用率出发，加强水肥耦合技术的研究和实施，在降低化肥施用量的同时提高化肥的利用效率，缓解土壤的面源污染和改善农业生态环境。

针对 X_{13}（耕地面积比重）和 X_8（耕地灌溉率），提出以下措施。

（1）严格执行耕地保护措施，加大后备土地资源开垦力度。

虽然当地耕地资源较为丰富，但由于城市化进程的加快，耕地面积也面临着被占用的威胁。为此，可加大后备土地资源的整理、复垦和开发的力度，以增加耕地面积和可利用建设用地。同时，实施基本农田的保护政策，对非农占用耕地进行严格控制，以确保农业生产的资源保障。

（2）提高地表水开发利用程度，降低地下水开发利用程度。

经济利益的驱使下，农民种植水稻（高耗水作物）的面积逐年增加。在地表水和过境水资源得不到充分利用的同时，地下水由于其开采工程简单、使用方便、费用较低的优势，成为当地农业灌溉的主要水源，2016 年农田灌溉用水 75%以上均来自地下水。地下水开采量的迅速增大，加之井灌水稻缺乏科学的规划和管理，出现地下水位严重下降和局部超采的现象。为此，在提高地表水开发利用程度的同时，应制订井灌水稻区的发展规划，根据区域水资源条件，结合地下水资源可开采量，规划井灌水稻的种植面积并合理布局。对于已超采的地区，在严格控制井灌水稻种植面积和提高地表水供水能力的同时，应积极调整种植结构，减少耗水量大的作物种植面积，以此抑制地下水位的下降。

（3）节约农业生产用水，提高水资源利用效率。

面对水资源浪费较为严重的现象，必须坚持走节水路线，以提高水资源的利用效率，把节水作为一项长期实施的基本政策，全面建设节水型社会。

一是要提高渠道、管道的输水能力，尽量减少从水源到田间输水环节的损失。全面推广渠系防渗技术和低压管道节水灌溉技术，不仅可有效提高灌溉水利用系数，而且可达到节水和高效用水的目的。二是要提高田间水的利用率，大力推广适宜的地面节水灌溉技术。因此，结合区域特点，旱作物田间灌溉适合采用精准灌溉技术，在大型喷灌机械的配合下，根据土壤的性状和作物的需水规律进行实时灌溉，以此达到节水增产的效果。三是要加强现有灌区的维修、配套、改造和管理，巩固和提高现有工程的灌溉效益。配套渠系骨干及田间配套工程，以增加灌区引水、配水能力，同时加大灌区的水资源管理力度，通过用水政策的调整实现节水。

随着工业的迅速发展，工业用水量比例也将逐渐加大，工业生产的节水也是不容忽视的。为此，对现有高耗水、低效益的工业项目和设备要逐步进行技术改造，改进工艺流程，减少耗水量，提高水的利用率；调整工业结构，发展高效益、低耗水产业；加强废污水的处理回用，提高工业用水循环利用率。

针对 X_{17}（水土流失治理率），提出以下措施。

（1）加大水利工程建设投资，提高地表水资源和过境水资源的开发利用程度。

虽然区域内地表水资源丰富，境内有多条界江，如黑龙江、松花江、乌苏里江等，但由于缺少配套的水利工程，对地表水资源引水、蓄水、提水能力较低，2016年地表水资源开发利用率仅为 35%。为此，应加大水利工程建设投资，加快地表水开发利用工程的规划和建设步伐，充分利用区域丰富的地表水资源，提高地表水开发利用程度。区域内每年过境水量 2739 亿 m^3，当地产水量约 10.9 亿 m^3，地下水总补给量约 14.8 亿 m^3，是一个水资源较为丰富的地区。应在界江沿岸地区兴建渠道水源工程、渠系骨干及田间配套工程，充分利用过境水资源，以此提高水资源的供给能力。

（2）采用先进的节水灌溉技术，减少灌溉定额以扩大有效灌溉面积，提高水资源利用率。

水稻是当地种植面积最大的粮食作物，作为高耗水作物，水稻灌溉需水占农田灌溉用水的 70%以上，如在提高渠系灌溉水利用系数的同时，采取先进的水稻控制灌溉技术，则可有效降低水稻灌溉定额，增加农田有效灌溉面积，实现水资源的可持续和高效利用。

利用 DEMATEL 法对建三江管理局 15 个农场进行分析，通过计算各农场恢复力驱动因子的综合影响系数并绘制恢复力驱动因子的原因-结果图，找出影响各农场农业水土资源系统恢复力的关键驱动因子。其中原因驱动因子主要包括 X_{10}（土壤质量综合指数）、X_{11}（地下水水质综合指数）、X_{13}（耕地面积比重）、X_{17}（水土流失治理率）、X_8（耕地灌溉率）5 个驱动因子；结果驱动因子主要包括 X_7（万元 GDP 能耗）、X_{16}（森林覆盖率）、X_{15}（生态环境用水率）、X_{12}（人均 GDP）、X_3（人口增长率）5 个驱动因子。结合关键驱动因子，本节提出了农业水土资源系统恢复力建设路径及对策。

5.3 区域农业水土资源系统恢复力对土壤墒情的响应特征研究

5.3.1 土壤墒情监测及预报研究

通过对土壤墒情进行监测与预报，可以判断区域农田的旱涝状态，采取相应措施改善农田环境，进而提高粮食产量[51]。土壤墒情的监测与预报能够提高农业水土资源管理水平与利用率，促进国家提倡的节水农业的发展。土壤墒情除了能够反映区域农田土壤水分状态，也在一定程度上反映区域水土资源耦合协调程度，因此，除了对区域土壤墒情进行监测、延拓与预报外，还需考察其对社会、经济、生态及水土环境的影响效应。

土壤墒情监测是土壤墒情预报的基础[52]。目前，国内外土壤墒情的监测方法主要有烘干法、张力计法、时域反射仪法、中子仪法、遥感监测法[53]。其中，烘干法、张力计法、时域反射仪法和中子仪法均是通过墒情监测规范和相关要求在研究区域设置监测点，定期记录土壤墒情数据，利用数学统计方法建立较为完善的网络监测体系，因此，这类监测方法又被归纳为地面监测法；遥感监测法则是通过遥感卫星实现土壤墒情的大面积监测[54]。

做好土壤墒情监测与预报工作，可以为国家调整农业结构、发展农业现代化提供科学的指导。农业、水利等部门可以通过土壤墒情情况，积极制定相关政策和决策，主动引导农民科学地调整生产力和水土资源配置布局。土壤墒情的监测与预报工作也可以很好地响应国家建设节水型社会的号召，达到精确灌溉及蓄水保墒的要求，提高国家基本农业水利建设投资的效益，最终有利于我国实现由传统农业转变为"精细农业"的战略目标[55]。

5.3.2　研究方法

主成分分析法主要通过对协方差矩阵进行特征分解，从而将多个相互之间呈现一定程度相关性的原始指标重新组合成少数几个综合指标，这些综合指标相互独立，保留了原始指标集的绝大部分信息，完全可以替代原始指标集，又被称为主成分。具体计算步骤见 3.1.1 节。

5.3.3　实例应用

本节以红兴隆管理局 12 个农场为研究区域，利用主成分分析法对各农场（2013~2017 年）农业水土资源系统恢复力开展驱动机制分析工作。通过红兴隆管理局各农场驱动机制的研究，探寻土壤墒情对各农场系统恢复力的影响效应。筛选出降水量（X_1）、产水系数（X_2）、单位耕地面积农药施用量（X_3）、单位耕地面积化肥施用量（X_4）、万元 GDP 能耗（X_5）、农业总产值占 GDP 比重（X_6）、农业投资占总投资比重（X_7）、人均纯收入（X_8）、气温（X_9）、蒸发量（X_{10}）、土壤墒情（X_{11}）、地下水埋深（X_{12}）、水利资金总投入（X_{13}）和粮食单产（X_{14}）14个指标构建水土资源系统恢复力评价指标体系，采取主成分分析法，对 14 个评价指标进行降维处理，得出各个农场水土资源系统恢复力驱动指数回归方程，同时，利用主成分因子分析法筛选出红兴隆管理局 12 个农场的水土资源系统恢复力关键驱动因子，进而探寻土壤墒情对各农场系统恢复力的影响效应。

为了避免重复，以饶河农场为例，作出主成分分析法具体计算过程，其余农场则以表和图的方式将最终计算结果列出。根据主成分分析法，计算饶河农场农业水土资源系统恢复力驱动指数方程，得到各驱动因子的驱动系数，如表 5-12 所示。

表 5-12　饶河农场主成分系数矩阵

指标	主成分 F				恢复力驱动因子系数
	F_1	F_2	F_3	F_4	
X_1	−0.354	−0.187	0.094	0.283	−0.153
X_2	0.410	−0.054	0.008	−0.069	0.151
X_3	0.067	0.347	0.144	−0.579	0.100

续表

指标	主成分 F				恢复力 驱动因子系数
	F_1	F_2	F_3	F_4	
X_4	−0.357	0.232	−0.075	−0.150	−0.114
X_5	0.002	0.157	−0.533	0.233	−0.045
X_6	0.115	−0.089	0.548	−0.097	0.129
X_7	−0.294	−0.188	0.320	0.205	−0.089
X_8	0.273	0.206	0.365	0.089	0.256
X_9	0.391	−0.076	−0.103	0.202	0.139
X_{10}	0.237	0.369	−0.203	0.122	0.171
X_{11}	−0.264	0.365	−0.039	−0.223	−0.038
X_{12}	−0.221	0.334	0.139	0.411	0.069
X_{13}	0.253	0.279	0.205	0.387	0.263
X_{14}	−0.096	0.461	0.175	0.145	0.139

由表 5-12 可得驱动指数表达式：

$$F=-0.153X_1+0.151X_2+0.100X_3-0.114X_4-0.045X_5+0.129X_6-0.089X_7+0.256X_8$$
$$+0.139X_9+0.171X_{10}-0.038X_{11}+0.069X_{12}+0.263X_{13}+0.139X_{14}$$

绘制恢复力驱动因子系数图，如图 5-4 所示，从而获取各驱动因子的重要性排序，确定饶河农场农业水土资源系统恢复力关键驱动因子。

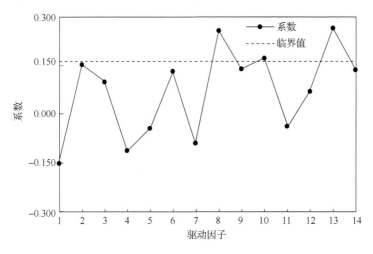

图 5-4　饶河农场恢复力驱动因子系数图

由图 5-4 可知，人均纯收入（X_8）、蒸发量（X_{10}）、水利资金总投入（X_{13}）3
项指标对系统恢复力的贡献率较大，为饶河农场水土资源系统恢复力的关键驱动
因子。其中，土壤墒情（X_{11}）重要性排序为第十，证明其对饶河农场水土资源系
统恢复力存在一定程度的影响。将红兴隆管理局各农场农业水土资源系统恢复力
关键驱动因子进行汇总，如表 5-13 所示。

表 5-13　各农场关键驱动因子

农场	关键驱动因子	土壤墒情在各驱动因子中的排名
友谊	X_1、X_4、X_6、X_7、X_{11}、X_{12}	4
五九七	X_1、X_7、X_8、X_{11}	4
八五二	X_1、X_6、X_7、X_8、X_9	7
八五三	X_1、X_8、X_9、X_{11}、X_{13}	2
饶河	X_8、X_{10}、X_{13}	10
二九一	X_3、X_7、X_8、X_{12}	6
双鸭山	X_1、X_7、X_{14}	5
江川	X_2、X_5、X_8、X_{11}、X_{12}	5
曙光	X_1、X_3、X_{11}、X_{12}、X_{14}	1
北兴	X_4、X_{10}	9
红旗岭	X_3、X_6、X_8、X_{11}、X_{14}	3
宝山	X_1、X_4、X_6、X_7、X_8、X_{13}	9

根据表 5-13 可知，系统恢复力的驱动因子如人均纯收入（X_8）在 12 个农场
中出现了 8 次，降水量（X_1）在 12 个农场中出现了 7 次，农业投资占总投资比重
（X_7）和土壤墒情（X_{11}）在 12 个农场中均出现了 6 次，地下水埋深（X_{12}）和农业
总产值占 GDP 比重（X_6）在 12 个农场中均出现了 4 次，说明这 6 个驱动因子决
定各农场的农业水土资源系统恢复力水平，决策者应该根据这 6 个因子制订恢复
力应对计划，采取控制措施；除了上述 6 个驱动因子，单位耕地面积农药施用量
（X_3）、单位耕地面积化肥施用量（X_4）、水利资金总投入（X_{13}）、粮食单产（X_{14}）
在 12 个农场中均出现 3 次，说明这 4 个驱动因子在一定程度上也会影响农业水土
资源系统恢复力，必须对这些驱动因子进行监测，在制定恢复力建设政策时，也
要将它们作为参考因素。

就单个农场而言，土壤墒情对各农场系统恢复力的影响效应存在一定的差异

性，例如，土壤墒情对曙光农场系统恢复力影响最大（排名第一），对饶河农场系统恢复力影响比较小（排名第十），造成这种现象的原因是系统恢复力具有多元属性，即在构造系统恢复力评价指标体系时综合考虑了社会、经济、环境、农业、水利等各方面因素的影响。虽然饶河农场的土壤墒情驱动因子系数排名比较靠后，但土壤墒情与系统恢复力之间的相关系数也达到了 0.539，证明两者之间存在一定程度的关联性。除了宝山、饶河、双鸭山和北兴农场以外，其余 8 个农场的土壤墒情驱动因子系数排名均比较靠前，说明土壤墒情对红兴隆管理局大部分农场的农业水土资源系统恢复力均有相当程度的影响。

绘制红兴隆管理局 12 个农场整体土壤墒情（逐年算数平均值）柱状图和农业水土资源系统恢复力投影值变化折线图，如图 5-5 所示。

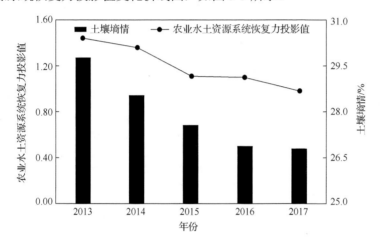

图 5-5　农业水土资源系统恢复力投影值与土壤墒情

时间尺度上，土壤墒情和系统恢复力均呈现持续下降趋势；空间尺度上，土壤墒情和系统恢复力空间分布均呈现东部地区较高，西部地区次之，中部地区较低的规律。因此，土壤墒情的时空分布影响了系统恢复力的状态。综上所述，土壤墒情作为关键驱动因子之一，其对农业水土资源系统恢复力有着重要影响。

参 考 文 献

[1] Israelsen O W. Irrigation principles and practices[M]. New York: John Wiley, 1932.
[2] Bos M G. Standards for irrigation efficiencies of ICID[J]. Journal of the Irrigation and Drainage Division, 1979, 105(1): 37-43.
[3] Jensen M E. Water conservation and irrigation systems[J]. Manual Therapy, 1977, 15(3): 254-260.
[4] Hart W E, Skogerboe G V, Peri G. Irrigation performance: an evaluation[J]. Journal of the Irrigation and Drainage

Division, 1979, 105(3): 275-288.

[5] Clemmens A J, Burt C M. Irrigation performance measures: efficiency and uniformity[J]. Journal of Irrigation & Drainage Engineering, 1997, 125(2): 423-442.

[6] Lankford B. Localising irrigation efficiency[J]. Irrigation & Drainage, 2010, 55(4): 345-362.

[7] Tyteca D. On the measurement of the environmental performance of firms: a literature review and a productive efficiency perspective[J]. Journal of Environmental Management, 1996, 46(3): 281-308.

[8] Perry C J. The IWMI water resources paradigm–definitions and implications[J]. Agricultural Water Management, 1999, 40(1): 45-50.

[9] Condon A G, Richards R A, Rebetzke G J, et al. Improving intrinsic water-use efficiency and crop yield[J]. Crop Science, 2002, 42(1): 122-131.

[10] Angus J F, Herwaarden A F V. Increasing water use and water use efficiency in dryland wheat[J]. Agronomy Journal, 2001, 93(2): 290-298.

[11] 王会肖, 刘昌明. 作物水分利用效率内涵及研究进展[J]. 水科学进展, 2000, 11(1): 99-104.

[12] 沈荣开, 杨路华, 王康. 关于以水分生产率作为节水灌溉指标的认识[J]. 中国农村水利水电, 2001(5): 9-11.

[13] 蔡守华, 张展羽, 张德强. 修正灌溉水利用效率指标体系的研究[J]. 水利学报, 2004, 35(5): 111-115.

[14] 汪富贵. 大型灌区灌溉水利用系数的分析方法[J]. 节水灌溉, 2001(6): 28-31.

[15] 陈伟, 郑连生, 聂建中. 节水灌溉的水资源评价体系[J]. 南水北调与水利科技, 2005, 3(3): 32-34.

[16] 崔远来, 熊佳. 灌溉水利用效率指标研究进展[J]. 水科学进展, 2009, 20(4): 590-598.

[17] 熊佳, 崔远来. 基于 SFA 的灌溉水利用效率指标随时间变化规律分析[J]. 武汉大学学报(工学版), 2009, 42(6): 685-690.

[18] 冯保清. 我国不同尺度灌溉用水效率评价与管理研究[D]. 北京: 中国水利水电科学研究院, 2013.

[19] 王学渊, 赵连阁. 中国农业用水效率及影响因素——基于 1997—2006 年省区面板数据的 SFA 分析[J]. 农业经济问题, 2008, 29(3): 10-18.

[20] 韩振中, 裴源生, 李远华, 等. 灌溉用水有效利用系数测算与分析[J]. 中国水利, 2009(3): 11-14.

[21] 李勇, 杨宏志, 李玉伟, 等. 关于现状农业灌溉水利用率的思考[J]. 内蒙古水利, 2009(2): 79-80.

[22] 黄霞. 农业灌溉水利用系数研究[J]. 现代农业科技, 2012(14): 185.

[23] 田建. 2013 年济南市灌溉水有效利用系数测算分析与评价[D]. 济南: 山东大学, 2014.

[24] 黄修桥. 灌溉用水需求分析与节水灌溉发展研究[D]. 咸阳: 西北农林科技大学, 2005.

[25] 马涛. 灌区运行状况及可持续发展评价研究[D]. 沈阳: 沈阳农业大学, 2008.

[26] 王小军, 古璇清, 邓岚, 等. 广东省灌溉水利用率测算分析[J]. 广东水利水电, 2008(8): 62-66.

[27] 谭芳, 崔远来, 王建漳. 灌溉水利用率影响因素的主成分分析——以漳河灌区为例[J]. 中国农村水利水电, 2009(2): 70-73.

[28] 李绍飞, 余萍, 孙书洪. 灌溉用水效率评价指标及模型构建与实例应用[J]. 中国农业大学学报, 2014, 19(3): 88-195.

[29] 焦勇, 朱美玲. 基于信息熵的可变模糊评价的农业用水效率测算[J]. 节水灌溉, 2014(1): 80-83.

[30] 刘军, 朱美玲. 农业用水效率评价指标体系研究[J]. 节水灌溉, 2013(5): 61-63.

[31] 李浩鑫, 邵东国, 尹希, 等. 基于主成分分析和 COPULA 函数的灌溉用水效率评价方法[J]. 农业工程学报, 2015, 31(11): 96-102.

[32] 李浩鑫, 邵东国, 何思聪, 等. 基于循环修正的灌溉用水效率综合评价方法[J]. 农业工程学报, 2014, 30(5): 65-72.

[33] 刘玉金. 基于主成分分析与多元线性回归分析的灌溉水利用效率影响因素分析[D]. 呼和浩特: 内蒙古农业大学, 2014.

[34] 李如生. 非平衡态热力学和耗散结构[M]. 北京: 清华大学出版社, 1986.

[35] 魏宏. 系统科学方法论导论[M]. 北京: 人民出版社, 1983.

[36] 汪恕诚. 怎样解决中国 4 大水问题[J]. 水利经济, 2005, 23(2): 1-2.

[37] 韩东. 青海省沙漠化现状及治理对策[J]. 中南林业调查规划, 2005, 24(1): 5-8.

[38] 张胜利, 李靖. 中国西北地区农业水土环境问题及对策[J]. 水土保持学报, 2002, 16(4): 78-81.

[39] 骆建国, 郑文靖. 川西北草地沙漠化现状与防治对策研究[J]. 四川林业科技, 2006, 27(1): 63-66.

[40] 方群. 中国水资源安全研究[J]. 经济研究参考, 2004(59): 15-18.

[41] 成自勇, 张芮. 中国农业水土环境存在的问题及对策探讨[J]. 生态环境学报, 2006, 15(6):1413-1416.

[42] 刘佳骏, 董锁成, 李泽红. 中国水资源承载力综合评价研究[J]. 自然资源学报, 2011, 26(2):258-269.

[43] 陈隆亨, 曲耀光. 河西地区水土资源及其合理开发利用[M]. 北京: 科学出版社, 1992.

[44] 李建设, 柴良义. 河套灌区土壤次生盐渍化的成因特点及改良措施[J]. 内蒙古农业科技, 2000 (S1): 157-158.

[45] 成自勇, 张自和. 甘肃秦王川灌区苜蓿草地土壤水盐动态及其生态灌溉调控模式[D]. 兰州: 甘肃农业大学, 2005.

[46] 李佩成. 论中国农业水土工程面临的新问题及其历史使命[J]. 沈阳农业大学学报, 2004, 35(5): 373-377.

[47] Vasanthavigar M, Srinivasamoorthy K, Vijayaragavan K, et al. Application of water quality index for groundwater quality assessment: Thirumanimuttar sub-basin, Tamilnadu, India[J]. Environmental Monitoring & Assessment, 2010, 171(1-4): 595-609.

[48] Liu C W, Lin K H, Kuo Y M. Application of factor analysis in the assessment of groundwater quality in a blackfoot disease area in Taiwan[J]. Science of the Total Environment, 2003, 313(1-3): 77-89.

[49] Li P, Wu J, Qian H. Groundwater quality assessment based on rough sets attribute reduction and TOPSIS method in a semi-arid area, China[J]. Environmental Monitoring & Assessment, 2012, 184(8): 4841-4854.

[50] Singh B, Dahiya S, Jain S, et al. Use of fuzzy synthetic evaluation for assessment of groundwater quality for drinking usage: a case study of Southern Haryana, India[J]. Environmental Geology, 2008, 54(2): 249-255.

[51] 杨卫中, 王一鸣, 石庆兰, 等. 吉林市土壤墒情监测系统开发及利用[J]. 农业工程学报, 2010, 26(2): 177-181.

[52] 隋东, 张涛, 崔劲松, 等. 沈阳地区土壤墒情监测与预测系统的研制[J]. 气象与环境学报, 2005, 21(3): 23-24.

[53] 黄浩. 基于 GIS 的农田土壤墒情信息系统建立与预报模型研究[D]. 合肥: 安徽农业大学, 2016.

[54] 唐海贻, 陈天华, 郑文刚. 土壤墒情监测预报技术研究进展[J]. 灌溉排水学报, 2010, 29(2): 140-142.

[55] 李明生. 土壤墒情预报模型应用研究[D]. 南京: 河海大学, 2005.

第6章　恢复力约束下区域农业水土资源系统运行调控模式研究

6.1　恢复力约束下的区域农业水资源优化配置研究

水是不可再生资源，地球上可用的淡水资源更是有限，人们对水资源利用缺少正确认识，造成水资源严重浪费，导致当今社会的用水危机，为解决这一问题，对水资源进行优化配置势在必行。

6.1.1　水资源优化配置理论

1. 水资源优化配置原则

在进行水资源优化配置时应遵照以下三项基本原则。

（1）节约性。

水是不可再生的有限自然资源。当前水资源浪费严重，利用效率极低，因此节约性是优化配置应遵循的首要原则。

（2）公正性。

水资源优化配置应满足不同地区间和地区内生活用水、生态用水，以及经济间第一产业、第二产业、第三产业用水的公正性合理分配。

（3）永续性。

水资源优化配置遵照永续性的原则，目的是水资源在近期与远期之间，当代与后代之间协调发展，而不是掠夺性开发及破坏性利用。

2. 水资源优化配置措施

水资源优化配置的具体措施包括工程措施、科技措施、市场措施及政府措施。

（1）工程措施：通过采用蓄水工程、调水工程等手段分别在时间上、空间上及质量上对水资源进行优化配置。

（2）科技措施：采用科技措施分析用水需求，科学、有效、合理地进行水资源优化配置。

（3）市场措施：按照经济规律要求，采用经济手段对水资源进行市场调节。

（4）政府措施：通过政府对水资源利用进行立法。

（5）多种措施并举：工程、科技、市场、政府四种措施联合是最有效的水资源优化配置手段。

3. 水资源优化配置模型构建

水资源优化配置是涉及社会、生态环境及水资源本身等诸多方面的复杂系统工程,水资源优化配置的目的就是保证区域水资源的可持续发展。既要综合考虑各方面的因素,建立优化配置目标函数,使各方面协调发展,又要考虑当地实际情况,以实际情况为基础设立约束函数,最终构建水资源优化配置模型。

6.1.2　区域水资源优化配置模型

以满足红兴隆管理局各农场经济、社会、资源可持续性发展为目的,设立优化目标函数,并以区域内供需水量及农业水资源系统恢复力为约束,构造区域水资源优化配置模型。

1. 目标函数

(1)经济效益目标:采用区域供水净产值最大的目标函数。

$$\max f_1(x) = \max \sum_{k=1}^{K} \sum_{j=1}^{J(k)} \sum_{i=1}^{I(k)} \left(b_{ij}^k - c_{ij}^k\right) x_{ij}^k \alpha_i^k \beta_j^k \qquad (6\text{-}1)$$

式中,α_i^k——k 农场的 i 水源向 j 用户供水顺序参数;

β_j^k——k 农场的 i 水源向 j 用户用水公正参数;

x_{ij}^k——k 农场的 i 水源向 j 用户供水量;

b_{ij}^k——k 农场的 i 水源向 j 用户供水的收益参数;

c_{ij}^k——k 农场的 i 水源向 j 用户供水的费用参数。

(2)社会效益目标:供水系统的缺水量最少。

$$\max f_2(x) = -\min \sum_{k=1}^{K} \sum_{j=1}^{J(k)} \left(D_j^k - \sum_i^{I(k)} x_{ij}^k\right) \qquad (6\text{-}2)$$

式中,D_j^k——k 农场的总需求用水量,$10^4\,\mathrm{m}^3$。

2. 约束条件

本节对红兴隆管理局各农场水资源进行优化配置所需要的约束条件包含供水量约束、需水量约束、基于可变模糊模型的农业水资源系统恢复力约束和非负约束力约束。各约束函数如下。

(1)供水量约束。

独立水源约束函数:

$$\sum_{j=1}^{J(k)} x_{cj}^k \leqslant W_c^k \qquad (6\text{-}3)$$

式中，x_{cj}^{k}——独立水源 c 向农场 k 用户 j 的供水量；

　　W_{c}^{k}——农场 k 独立水源 c 的可供水量。

公共水源约束函数：

$$\sum_{j=1}^{J(K)} x_{mj}^{k} \leqslant W_{m}^{k} \qquad (6\text{-}4)$$

式中，x_{mj}^{k}——公共水源 m 向农场 k 用户 j 的供水量；

　　W_{m}^{k}——公共水源 m 分配给农场 k 的水量。

（2）需水量约束函数：

$$D_{j\,min}^{k} \leqslant \sum_{i=1}^{I(k)} x_{ij}^{k} \leqslant D_{j\,max}^{k} \qquad (6\text{-}5)$$

式中，$D_{j\,min}^{k}$——k 农场的 j 用户的最小需水量；

　　$D_{j\,max}^{k}$——k 农场的 j 用户的最大需水量。

（3）基于可变模糊模型的农业水资源系统恢复力约束函数：

$$H = \eta \geqslant H^{*} \qquad (6\text{-}6)$$

式中，H——基于可变模糊模型的农业水资源系统恢复力值；

　　η——基于可变模糊模型的农业水资源系统恢复力隶属度值；

　　H^{*}——基于可变模糊模型的农业水资源系统恢复力下限。

（4）非负约束力约束函数：

$$x_{ij}^{k} \geqslant 0 \qquad (6\text{-}7)$$

（5）供水顺序参数、用水公正参数[1]。

供水顺序参数 α_{i}^{k}，代表水源供水的先后顺序：

$$\alpha_{i}^{k} = \frac{1 + n_{max}^{k} - n_{i}^{k}}{\sum_{i=1}^{I(k)}(1 + n_{max}^{k} - n_{i}^{k})} \qquad (6\text{-}8)$$

用水公正参数 β_{j}^{k}，代表向用水部门供水的先后顺序：

$$\beta_{j}^{k} = \frac{1 + n_{max}^{k} - n_{i}^{k}}{\sum_{i=1}^{I(k)}(1 + n_{max}^{k} - n_{i}^{k})} \qquad (6\text{-}9)$$

式（6-8）和式（6-9）中，n_{i}^{k} 代表供水、用水顺序序号；n_{max}^{k} 代表供水、用水顺序号最大数值。

（6）用水收益参数、费用参数[2]。

生活用水收益参数：现今并没有具体函数对其进行计算，通常取相对较大参数值。

工业用水收益参数：工业总用水量÷工业总产值。

农业用水收益参数：水利分摊参数×农业增产收益。

费用参数：根据水源当地实际情况确定。

6.1.3　免疫微粒群优化算法

微粒群优化（particle swarm optimization，PSO）算法是由美国心理学家 J. Kennedy 和电气工程师 R. Eberhar 受鸟类觅食行为启发提出的优化算法，是基于群体智能理论的一种新兴演化计算技术[3-4]。

PSO 算法的基本思路：假设由 M 个粒子组成的一个群体 S 在 D 维空间以一定的速度飞行。粒子 i 在 t 时刻的状态属性设置如下[5]。

位置：$x_i^t = \left(x_{i1}^t, x_{i2}^t, \cdots, x_{id}^t \right)^T$，$x_{id}^t \in [L_d, U_d]$，$L_d$，$U_d$ 分别为搜索空间的下限和上限。

速度：$v_i^t = \left(v_{i1}, v_{i2}, \cdots, v_{id} \right)^T$，$v_{id}^t \in \left[v_{min,d}, v_{max,d} \right]$，$v_{min}$ 和 v_{max} 分别为最小和最大速度。

个体最优位置：$p_i^t = (p_{i1}^t, p_{i2}^t, \cdots, p_{iD}^t)^T$。

全局最优位置：$p_g^t = (p_{g1}^t, p_{g2}^t, \cdots, p_{gD}^t)^T$。

其中，$1 \leqslant d \leqslant D$，$1 \leqslant i \leqslant M$。

PSO 算法粒子在 $t+1$ 时刻的位置一般采用下面的公式更新获得：

$$v_{id}^{t+1} = v_{id}^t + c_1 \cdot r_1 \cdot (p_{id}^t - x_{id}^t) + c_2 \cdot r_2 \cdot (p_{gd}^t - x_{id}^t) \tag{6-10}$$

$$x_{id}^{t+1} = x_{id}^t + v_{id}^{t+1} \tag{6-11}$$

式中，r_1，r_2——均匀分布在（0,1）区间的随机数；

c_1，c_2——两个常数，称为学习因子，一般取值为[1.5,2.05]，迭代停止的条件是当前迭代次数达到了预先设定的最大次数 T_{max} 或（和）最终结果小于预定的收敛精度要求。

式（6-10）主要由三部分组成：第一部分为粒子先前速度的继承；第二部分为"认知"部分，表示粒子本身的思考；第三部分为"社会"部分，表示粒子间的信息共享与相互合作。

标准微粒群算法模型和原始微粒群算法模型的不同之处在于，通过一个惯性权重 ω 来协调 PSO 算法的局部寻优能力和全局寻优能力。具体做法是将基本 PSO 的速度方程式进行修改，而位置方程保持不变，如下所示：

$$v_{id}^{t+1} = \omega v_{id}^t + c_1 \cdot r_1 \cdot (p_{id}^t - x_{id}^t) + c_2 \cdot r_2 \cdot (p_{gd}^t - x_{id}^t) \tag{6-12}$$

针对标准 PSO 算法和免疫进化算法的各自特点，参考文献[6]对 PSO 算法进行改进，提出免疫微粒群算法。

对标准粒子群优化算法的改进，主要就是在原有粒子群优化算法的基础上，引入免疫算法的免疫信息处理机制对算法进行改进。

（1）在每次迭代过程中通过以下两个方面产生新粒子：①由粒子群优化算法的更新公式产生 N 个粒子；②随机生成 M 个粒子。

为了确保粒子的多样性，本节采用基于浓度机制的多样性保持策略，使得新一代粒子群中，各适应度层次的粒子维持着一定的浓度。第 i 个粒子的浓度定义如下：

$$D(x_i) = \frac{1}{\sum\limits_{j=1}^{N+M} \left| f(x_i) - f(x_j) \right|}, \quad i = 1, 2, \cdots, N + M \tag{6-13}$$

式中，$f(x_i)$——第 i 个粒子的适应度函数；

　　　$f(x_j)$——第 j 个粒子的适应度函数。

基于粒子浓度的概率选择公式：

$$P(x_i) = \frac{\dfrac{1}{D(x_i)}}{\sum\limits_{j=1}^{N+M} \dfrac{1}{D(x_i)}} = \frac{\sum\limits_{j=1}^{N+M} \left| f(x_i) - f(x_j) \right|}{\sum\limits_{i=1}^{N+M} \sum\limits_{j=1}^{N+M} \left| f(x_i) - f(x_j) \right|}, \quad i = 1, 2, \cdots, N + M \tag{6-14}$$

（2）惯性权重的改进。

在此采用自适应调节惯性权重的策略，即让其随迭代次数的增加线性减少：

$$\omega = \omega_{max} - \frac{\omega_{max} - \omega_{min}}{iter_{max}} \times iter \tag{6-15}$$

式中，ω_{max}、ω_{min}——ω 的起始值和终止值；

　　　$iter_{max}$、$iter$——最大迭代次数和当前迭代次数。

ω 随迭代次数线性减小，实现了搜索空间从全局向局部的过渡，应用效果良好。

（3）粒子速度的越限处理。

为了获得最优解，免疫微粒群算法设置最大速度 v_{max}，则粒子的速度取值范围为 $[v_{min}, v_{max}]$。v_{max} 决定了个体极值与整体极值之间区域的精度。如果 v_{max} 过大，粒子可能越过最优解；如果 v_{max} 过小，粒子在局部最优解的邻域之外不能进行足够搜索，则可能陷入局部最优解。在此设为控制变量取值范围的 20%，即

$$v_{mas} = \frac{x_{i,max} - x_{i,min}}{p}, \quad p = 20 \tag{6-16}$$

式中，$x_{i,max}$、$x_{i,min}$——第 i 个控制变量的上限值和下限值。

6.1.4　实例应用

供水水源按其供水次序分别为地下水、地表水、过境水（乌苏里江、松花江）。用水部门依次为生活用水（包括城镇生活用水与农村生活用水）、农业用水和工业用水。免疫粒子群优化算法参数取值：群体规模 N=50 个粒子；每次迭代过程中都随机产生 M=30 个新粒子；对群体中的 R=30 个粒子进行疫苗接种；加速常数 c_1=2.0，c_2=2.05；惯性权重 $\omega_{min}=0.4$，$\omega_{max}=0.9$；最大迭代次数 $iter_{max}=100$。运用 MATLAB 对水资源优化配置模型进行编程求解。

以 2011 年为基准年，通过红兴隆管理局 12 个农场的数据对各农场 2015 年和 2020 年的生活需水量、农业需水量及工业需水量进行预测，预测结果见表 6-1。

表 6-1　2015 年和 2020 年需水量预测结果　　　单位：10^4 m^3

农场	2015 年				2020 年			
	总需水量	农业需水量	工业需水量	生活需水量	总需水量	农业需水量	工业需水量	生活需水量
友谊	25746	25423	155	168	24164	23776	186	202
五九七	12356	12243	21	92	12099	11972	26	101
八五二	7892	7724	10	158	7708	7523	13	172
八五三	22535	22374	63	98	21431	21251	71	109
饶河	10812	10743	22	47	10417	10329	25	63
二九一	13007	12893	23	91	12693	12571	25	97
双鸭山	707	621	46	40	708	607	57	44
江川	12456	12354	31	71	11883	11772	35	76
曙光	1894	1825	19	50	1859	1784	21	54
北兴	1377	1342	15	20	1332	1255	18	59
红旗岭	14589	14532	12	45	14397	14321	23	53
宝山	4187	4152	15	20	3944	3883	22	39

通过表 6-1 数据分析可知，因节水农业的大力推广，2015～2020 年农业需水量大幅度降低，但随着红兴隆管理局各农场工业产业不断壮大，城市化进程加快，各农场工业需水量和生活需水量都呈现不断上升的趋势。

通过免疫微粒群算法对红兴隆管理局 12 个农场水资源优化配置模型求解，优化配置后红兴隆各农场生活、工业、农业供水量见图 6-1。

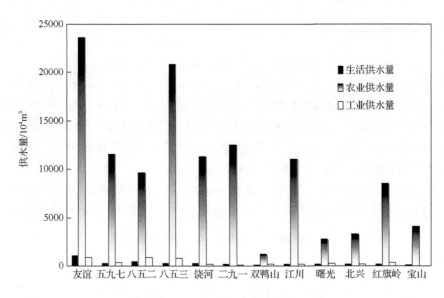

图 6-1　供水量优化配置结果

结合图 6-1 和表 6-1 可知，农业供水量远远小于农业需水量，现对缺水量进行分析，各农场总缺水量和农业缺水量见表 6-2。

表 6-2　各农场缺水量分析　　　　　　　　单位：$10^4\ m^3$

农场	2015 年总缺水量	2015 年农业缺水量	2020 年总缺水量	2020 年农业缺水量
友谊	1656	1775	428	404
五九七	348	265	52	40
八五二	536	532	117	89
八五三	1345	1326	522	473
饶河	739	714	224	189
二九一	374	336	92	85
双鸭山	122	118	48	42
江川	478	466	152	143
曙光	674	661	79	75
北兴	221	211	57	56

农场	2015 年总缺水量	2015 年农业缺水量	2020 年总缺水量	2020 年农业缺水量
红旗岭	1244	1234	235	228
宝山	23	22	7	7

对比 2015 年及 2020 年红兴隆管理局各农场优化配置前后的地表水、地下水、过境水供水量,优化前后的供水量及优化前后差值结果见表 6-3。从表中可以看出,三种不同水源优化后供水量均有不同程度的减少,同时地下水下降比率远远高于过境水的下降比率,说明优化后地下水资源得到有效保护,地下水超采得到一定程度的抑制,而过境水资源得到充分利用,地区供水分配比例更加合理,与此同时农业水资源系统恢复力得到有效保护。以上优化结果表明,免疫微粒群算法具有高效的寻优能力来解决水资源优化配置问题。

表 6-3　不同水平年水量优化对比结果　　　　单位：$10^4 m^3$

水平年	现实供水量			优化后供水量			差值		
	地表水	地下水	过境水	地表水	地下水	过境水	地表水	地下水	过境水
2015	14861	37144	76875	14109	36421	76515	752	723	640
2020	16344	33528	78212	16013	33193	77972	331	335	242

6.2　恢复力约束下区域农业种植结构优化配置研究

区域农业种植结构是涉及社会、经济、水资源、生态环境、农业等各个领域影响因子的复杂系统[7]。多年来,在以粮食作物为主的不合理农业种植结构驱动下,区域农业水资源有效利用与农业种植结构的匹配程度日益降低,农业水资源供需平衡出现瓶颈。在当前背景下,如何更好地对农业种植结构进行合理的优化调整,成为提高农业水资源利用效率的有效方法之一[8]。从当前优化模型约束条件和模型求解方法上看,采用资源性（水资源、环境资源、耕地资源等）约束和需求性约束的多,但研究区域农业水资源系统恢复力约束条件下的还较少,采用古典形式算法、进化算法、单一群智能算法的多,采用不同背景条件下多种方法综合比较研究的少。因此,本章通过对建三江管理局各农场水资源系统恢复力进行评价研究,分析出建三江管理局各农场不同年份农业水资源系统恢复力等级情况,制订恢复力系数约束条件,调整种植结构模型,这对农业种植结构优化研究具有重要意义。

6.2.1　多目标农业种植优化配置

1. 决策变量

通过各农作物的种植面积占比来确定决策变量，针对建三江管理局各农场种植面积分析，建三江管理局各农场种植决策变量如表 6-4 所示。

表6-4　建三江管理局各农场种植决策变量

农场	水稻种植面积	大豆种植面积	玉米种植面积
八五九	$X_{1,1}$	$X_{2,1}$	$X_{3,1}$
胜利	$X_{1,2}$	$X_{2,2}$	$X_{3,2}$
七星	$X_{1,3}$	$X_{2,3}$	$X_{3,3}$
勤得利	$X_{1,4}$	$X_{2,4}$	$X_{3,4}$
大兴	$X_{1,5}$	$X_{2,5}$	$X_{3,5}$
青龙山	$X_{1,6}$	$X_{2,6}$	$X_{3,6}$
前进	$X_{1,7}$	$X_{2,7}$	$X_{3,7}$
创业	$X_{1,8}$	$X_{2,8}$	$X_{3,8}$
红卫	$X_{1,9}$	$X_{2,9}$	$X_{3,9}$
前哨	$X_{1,10}$	$X_{2,10}$	$X_{3,10}$
前锋	$X_{1,11}$	$X_{2,11}$	$X_{3,11}$
洪河	$X_{1,12}$	$X_{2,12}$	$X_{3,12}$
鸭绿河	$X_{1,13}$	$X_{2,13}$	$X_{3,13}$
二道河	$X_{1,14}$	$X_{2,14}$	$X_{3,14}$
浓江	$X_{1,15}$	$X_{2,15}$	$X_{3,15}$

2. 目标函数

黑龙江省农作物主要包括粮食作物、油料作物、蔬菜瓜果等农产品，在给人民创造一定的社会经济价值之外，还具有生态环境保护等功效。前几章中评价的农业水资源系统恢复力主要考虑水资源、农业、社会经济、生态环境等方面指标，恢复力评价与农业种植结构两者之间具有统一性，因此，恢复力下农业种植结构优化需要统筹考虑农作物净产值（经济效益）、农作物总产量（社会效益）、生态环境（生态效益）及水分生产效益（水资源效益）四方面[9]，农作物不同这四方面效益也存在差异，又鉴于效益之间存在相互矛盾和竞争的关系，某一效益的改善可能引起另一效益的降低，为了客观地优化农业种植结构，选取农作物总产量最大、农作物净产值最大、生态环境最优及水分生产效益最大为目标函数。

（1）经济效益（农作物净产值）目标函数：

$$f_1 = \sum_1^3 \left(v_j y_j - c_j \right) \cdot x_j \tag{6-17}$$

式中，f_1——农作物净产值，元；

　　　v_j——第 j 种农作物单价，元/kg；

　　　y_j——第 j 种农作物单产，kg/hm²；

　　　c_j——第 j 种农作物的单位面积成本，元/hm²；

　　　x_j——第 j 种农作物的最优种植面积，hm²。

（2）映射社会效益（农作物总产量目标）：

$$f_2 = \sum_1^3 y_j x_j \tag{6-18}$$

式中，f_2——农作物总产量，kg。

（3）映射生态效益（生态效益目标）：

$$f_3 = \sum_1^3 e_j x_j \tag{6-19}$$

式中，f_3——生态效益目标，元；

　　　e_j——第 j 种农作物单位面积对生态效益的贡献程度，元/hm²。

（4）映射水资源效益（水分生产效益目标函数）：

$$f_4 = \sum_1^3 \frac{\left(v_j y_j - c_j \right) x_j}{\mathrm{ET}_j \cdot x} \tag{6-20}$$

式中，f_4——农作物单位面积下单位耗水资源效益，元/（hm²·mm）；

　　　ET_j——第 j 种农作物单位面积全年生育期耗水量，mm；

　　　x——农作物总耕种面积，hm²。

通过上述经济效益、社会效益、生态效益和水资源效益四个方面函数的建立，得出优化农业种植结构组合模型：

$$\max \begin{cases} f_1 = \sum_1^3 \left(v_j y_j - c_j\right) \cdot x_j \\ f_2 = \sum_1^3 y_j x_j \\ f_3 = \sum_1^3 e_j x_j \\ f_4 = \sum_1^3 \dfrac{\left(v_j y_j - c_j\right) x_j}{\mathrm{ET}_j \cdot x} \end{cases} \qquad (6\text{-}21)$$

3. 约束条件

恢复力约束下的农业种植结构除了受恢复力背景约束，还应受农作物总需求量、农作物净产值、农业耕地面积、农作物灌溉定额及耕地面积等非负条件约束。因此建立以下基本约束条件。

（1）农作物总需求量约束：

$$\sum_{j=1}^n y_j x_j \geqslant H_j \qquad (6\text{-}22)$$

式中，H_j 表示农作物总需求量，kg。

（2）农作物净产值约束：

$$\sum_{j=1}^n \left(v_j y_j - c_j\right) x_j \geqslant V \qquad (6\text{-}23)$$

式中，$v_j y_j - c_j$——第 j 种农作物单位面积的净产值，元/hm^2；

　　V——农作物的总净产值，元。

（3）耕地面积约束：

$$\sum_{j=1}^n x_{ij} \leqslant ab_i \qquad (6\text{-}24)$$

式中，x_{ij}——该区域农场 i 第 j 种农作物种植面积最优值，hm^2；

　　a——复种参数；

　　b_i——农场 i 农作物总耕种面积，hm^2。

（4）农作物灌溉定额约束：

$$\sum_{j=1}^n M_j x_j \leqslant Q_i \qquad (6\text{-}25)$$

式中，M_j——第 j 种农作物的毛灌溉定额，m^3/hm^2；

　　　Q_i——农场 i 的农作物灌溉水量，m^3。

（5）不同恢复力系数约束。

农业水资源系统恢复力指标体系中水资源系统、农业系统、生态环境系统和社会经济系统与农业种植结构调整紧密相关，为方便恢复力与农业种植结构优化建立联系，以农业水资源系统恢复力和各指标的等级为标准，将农业水资源系统恢复力等级转化为恢复力系数，引入农业种植结构约束条件中的农业耕地面积、农作物灌溉水资源量和农作物净产值分析，三项系数取值均以所构建的农业系统、水资源系统和社会经济系统为基础，分别确定为 $\lambda_{耕地}$、$\lambda_{水量}$、$\lambda_{经济}$，如表 6-5 所示。

表 6-5　不同恢复力等级下的恢复力系数

恢复力系数	恢复力等级			
	I	II	III	IV
$\lambda_{耕地}$	0.808	0.871	0.974	1
$\lambda_{水量}$	0.759	0.837	0.917	1
$\lambda_{经济}$	0.797	0.865	0.932	1

（6）非负约束。

各种农作物种植面积均需要满足非负条件：

$$x_j \geqslant 0,\ j = 1, 2, \cdots, 12 \qquad (6\text{-}26)$$

6.2.2　预测辅助模型的建立

1. 农作物总需求量计算

参考文献[10]对农业种植结构中粮食总需求量进行研究，按照式（6-27）进行计算预测。

$$Y = C \times B(1 + K)^n \qquad (6\text{-}27)$$

式中，Y——粮食作物总的需求量；

　　　C——人均粮食作物需求量；

B——基准年的人口总数；

K——预测年平均人口的增长率；

n——基准年与预测年相隔的年数。

2. 农作物毛灌溉定额计算

毛灌溉定额是指在备耕期及作物全生育期内,按渠首总引水量计算的单位面积上的灌溉水量,依据毛灌溉定额定义,利用灌溉水净定额和灌溉水系数等进行计算,按式(6-28)进行预测。

$$M = M_j / k \tag{6-28}$$

式中, M——灌溉水毛定额, $\mathrm{m^3/hm^2}$;

M_j——灌溉水净定额, $\mathrm{m^3/hm^2}$;

k——灌溉水系数。

6.2.3 布谷鸟优化算法

2009 年, Yang 等[11]受到布谷鸟的鸟巢生雏行为启发研究出一种新颖的布谷鸟优化算法,该算法主要是通过一种新型的鸟类飞行方式 Lévy 飞行来更新鸟巢位置, Lévy 飞行方式能够十分恰当地调解全局搜索和局部搜索的关系,使该算法搜索精度更加高效。除此以外,该算法的控制参数少,通用性和稳定性更好。

为了保证布谷鸟优化算法的可操作性,借鉴前人的研究对布谷鸟寻找鸟巢寄生习性进行模拟,假定了三种布谷鸟优化算法的理想状态:一是飞行的每只布谷鸟一次只孕育一个鸟蛋,并且任意选择一个鸟巢进行放置;二是在寻找鸟巢的过程中,具有最优质量鸟蛋的鸟巢继续作为下一代孕育位置;三是能够使用的鸟巢数量固定不变,并且鸟巢被布谷鸟发觉的概率 P 在 $0\sim1$。若鸟巢接受了外来布谷鸟的鸟蛋,那么该布谷鸟主人将重新建窝。通过上述三种理想假定后,可以确定布谷鸟优化算法寻优时所采用的位置和基本路径更新的计算公式,如下所示。

$$x_i^{(t+1)} = x_i^{(t)} + \alpha \oplus L(\lambda), \ i = 1, 2, \cdots, n \tag{6-29}$$

$$L(s, \lambda) \sim s^{-\lambda}, \ 1 < \lambda \leqslant 3 \tag{6-30}$$

式中, $x_i^{(t)}$——第 i 个鸟巢在第 t 代的鸟巢位置;

$\oplus$——乘法运算(点对点);

α ——步长的控制量（来调节步长的范围搜索，其数值符合正态分布特征）；

$L(\lambda)$ ——Lévy 飞行随机搜索路径，随机步长为 Lévy 飞行分布；

s ——由 Lévy 飞行获得的随机步长。

依据布谷鸟孵鸟蛋的路径和位置更新过程及基本假定，单目标布谷鸟优化算法的具体计算流程如下。

流程 1：依据决策变量确定相关目标函数 $T(X)$，其中 $X=(x_1,x_2,\cdots,x_n)$，初始化目标函数，并随机产生 m 个鸟巢的起始位置为 X_i（$i=1,2,\cdots,n$），设置各项基本参数：种群规模、迭代次数、初始权重、权重衰减因子、发现新巢概率等。

流程 2：选择适应度函数并且计算每个鸟巢的位置的目标函数，得到当前的最优数值。

流程 3：记录上一迭代最优函数值，利用式（6-29）将其余鸟巢的位置及状态进行更新。

流程 4：将当前位置的目标函数值与上一迭代最优函数值进行比较，如果当前位置的目标函数值较好，那么就将其替换成当前最优函数值。

流程 5：位置更新以后，比较隶属于 0~1 的随机数 r 和 P，如果 $r<P$，那么随机数 r 不进行任何调整，反之进行随机数改变，经过反复的位置更新和比较，最终确定出最优的鸟巢位置 w。

流程 6：如果满足了设定的最小误差或者最大迭代次数要求，继续下一流程，否则返回流程 2 重新计算。

流程 7：最后输出全局最优的鸟巢位置。

自从布谷鸟优化算法提出以后，其已被拓展到较多应用领域，学者采用不同改进方法对布谷鸟优化算法进行了研究和开发[12-13]，包括二进制布谷鸟优化算法、离散布谷鸟优化算法、混沌布谷鸟优化算法、自适应布谷鸟优化算法、多目标寻优布谷鸟优化算法等，其中在 2013 年由 Yang 等[14]提出并验证了解决多目标布谷鸟优化算法的稳定性和可行性。通过分析上述布谷鸟优化算法，对上述标准布谷鸟优化算法进行如下改进：一方面布谷鸟由每次只产一个鸟蛋变为每次可以产多只鸟蛋，这个正是对应目标函数里的单目标函数变化为多目标函数；另一方面单目标优化产生的目标值是确定的解，即这个函数的最大值或最小值，而多目标优化解是通过支配其他解作为最优解。由上所述，最终得到多目标布谷鸟优化算法来分析本章的恢复力约束下农业种植结构，具体改进流程如图 6-2 所示。

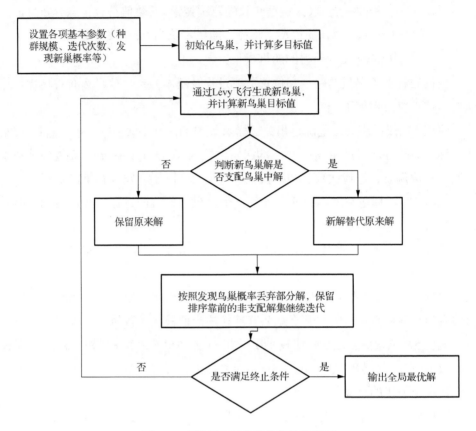

图 6-2 多目标布谷鸟优化算法流程图

6.2.4 实例应用

1. 决策变量确定

黑龙江省建三江管理局各农场种植了粮食作物、油料作物和蔬菜瓜果等，其中该区域粮食作物包括水稻、玉米、小麦、高粱、谷子、大豆及其他谷物等，油料作物包括油菜籽和麻类等，蔬菜瓜果包括蔬菜和瓜类等，其他作物还有甜菜、烟叶、药材、饲草、青饲料等。本节最终确定决策变量为水稻、大豆和玉米三类作物，其 2000～2017 年粮食作物播种面积占总播种面积比例如图 6-3 所示。

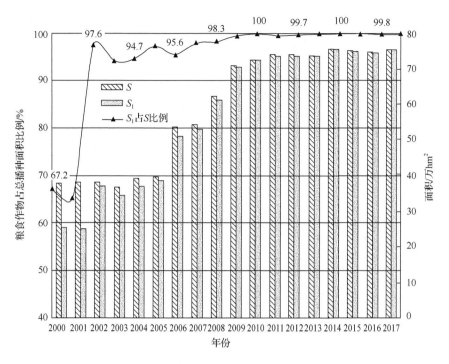

图 6-3　2000～2017 年粮食作物播种面积占总播种面积比例

S 表示总播种面积；*S₁* 表示粮食作物播种面积

从图 6-3 可以看出，随着时间变化，粮食作物播种面积占总播种面积比例呈现增大趋势，2009 年后逐渐趋向平稳，且均在 99.5%以上，农场中仅有 0.5%的面积种植油料作物和蔬菜瓜果等，因此本节以粮食作物为决策变量。为进一步分析粮食作物中的种植面积情况，我们比较了各种粮食作物种植面积占粮食作物总面积比例，如图 6-4 所示。

从图 6-4 可以看出，该区域主要种植的粮食作物排序由起初的水稻、大豆、小麦、薯类、玉米和其他谷物，变化为当时（2017 年）的水稻、大豆、玉米、薯类和小麦，且水稻的占比逐渐升高，2017 年水稻种植比例高达 90.04%。为了更好地契合当前农业种植结构，将近五年（2013～2017 年）作物面积占比排名前三的作物作为决策变量，各作物占近五年（2013～2017 年）的粮食种植面积的100%、100%、99.99%、99.94%、99.98%，最终确定决策变量为水稻、大豆、玉米，如表 6-4 所示。

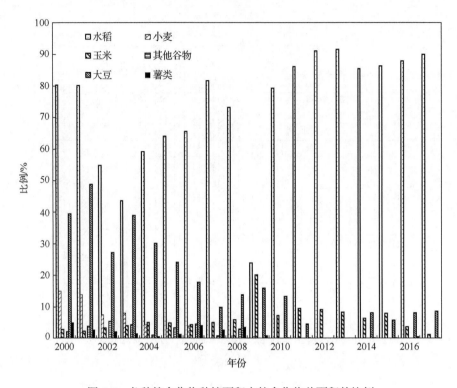

图 6-4　各种粮食作物种植面积占粮食作物总面积的比例

2. 模型相关参数预测

1）农作物总需求量分析预测

根据公式计算未来年份农作物总需求量，需要确定 5 个基本参数：预测年的人口数（P）、基准年的人口总数（B）、预测年平均人口的增长率（K）、基准年与预测年相隔的年数（n），人均粮食作物需求量（C）。

通过查阅相关调研资料，以 2017 年人口总数为基准数，人口总数约 26.3 万。2015 年、2016 年和 2017 年平均人口增长率分别为 0.84%、2.56% 和 3.38%，取三年平均值 2.26% 为该地区预测年平均人口增长率，基准年与预测年（2020 年、2025 年）分别相隔 n=3 年和 n=8 年，该区域 2017 年人均粮食作物需求量为 380kg，参考文献[15]对中国人均粮食需求量进行了分析，得出 2020 年和 2025 年人均粮食需求量分别为 430kg 和 445kg，按照当地居民生活的食用粮食作物的比例，得出水稻、大豆和玉米的比例为 10 : 1 : 2，假定该区域预测年人均粮食作物需求量和饮食比例保持不变。通过计算最终得出该区域现状年、2020 年和 2025 年三种农作物总需求量，如表 6-6 所示。

表 6-6　不同年份农作物总需求量分析预测　　　　单位：10^4kg

农作物	农作物总需求量		
	现状年	2020 年	2025 年
水稻	7687.7	9302.5	10765.1
大豆	768.8	930.2	1076.5
玉米	1537.4	1860.5	2153.0

2）农作物种植面积预测

农作物种植面积与耕地面积和复种指数密切相关，以 2013～2017 年该区域的复种指数、耕地面积、农作物种植面积等指标为基础数据，如表 6-7 所示。

表 6-7　2013～2017 年农作物种植面积相关数据

指标	2013 年	2014 年	2015 年	2016 年	2017 年
土地总面积/万 hm²	1234694	1234694	1234694	1234694	1234694
耕地面积/万 hm²	738356	749997	754497	752773	760857
农作物种植面积/万 hm²	735035	753488	749773	745155	753032
复种指数/%	99.55	100.47	99.37	98.99	98.98
可垦荒地/万 hm²	43736	49388	39394	31622	39018
林地/万 hm²	175043	175950	176188	176412	176737

由表 6-7 可以看出，2013～2017 年该区域的复种指数均维持在 99.98%～100.47%，为了计算方便，取复种指数为 1，即该区域耕地面积等于各农作物种植面积，通过计算耕地面积与土地总面积之比可以得出，耕地面积占土地总面积的60%以上，可垦荒地和林地仍有存量，存在一定开垦农耕地基础；通过计算林地面积占土地总面积的比例可知，林地面积保持相对稳定，比例均维持在 14%以上；计算 2013～2017 年农作物种植面积各年平均增长率，分别为 2.51%、-0.49%、-0.62%和1.06%，计算各年均值得出农作物种植面积年均增长率约为 0.6%，由于耕地面积占土地总面积比例较高，可垦荒地存量有限且逐年减少，假定以该区域近五年（2013～2017 年）的种植面积平均增速的50%作为未来耕地增加率，因此，最终未来农作物种植面积增长率为0.3%。通过以上分析和计算，得出该区域 2017年、2020 年和2025 年三种农作物种植面积，如表 6-8 所示。

表 6-8　建三江管理局各农场农作物种植面积预测　　　　单位：万 hm²

农场	农作物种植面积		
	2017 年（现状年）	2020 年（近期）	2025 年（中期）
八五九	85682	86455.45	87760.09
胜利	46392	46810.78	47517.17
七星	81639	82375.96	83619.03
勤得利	62407	62970.35	63920.59
大兴	50300	50754.06	51519.95
青龙山	37027	37361.24	37925.03
前进	52384	52856.87	53654.5
创业	38017	38360.18	38939.05
红卫	39856	40215.78	40822.65
前哨	38333	38679.03	39262.71
前锋	73050	73709.42	74821.72
洪河	43642	44035.96	44700.47
鸭绿河	29067	29329.39	29771.98
二道河	36295	36622.64	37175.28
浓江	38941	39292.52	39885.46

　3）单位面积农作物净产值预测

（1）农作物单价分析预测（*v*,*c*）。

通过分析调查资料和查阅相关文献，对 2015 年、2016 年和 2017 年黑龙江省水稻、大豆和玉米的收购均价进行分析，得出这三年水稻均价分别为：3.0 元/kg、3.07 元/kg 和 2.96 元/kg，这三年大豆均价分别为 3.6 元/kg、3.7 元/kg 和 3.65 元/kg，这三年玉米均价分别为 1.6 元/kg、1.65 元/kg 和 1.65 元/kg，取三年均值作为计算基数，分别为水稻 3.01 元/kg，大豆 3.65 元/kg，玉米 1.63 元/kg。

（2）粮食单产分析预测（*y*）。

通过查阅统计年鉴，获取 2000～2017 年水稻、大豆和玉米三种农作物的单位面积产量情况（kg/hm²），并通过线性拟合分别得出三种作物的趋势线，如图 6-5 所示。

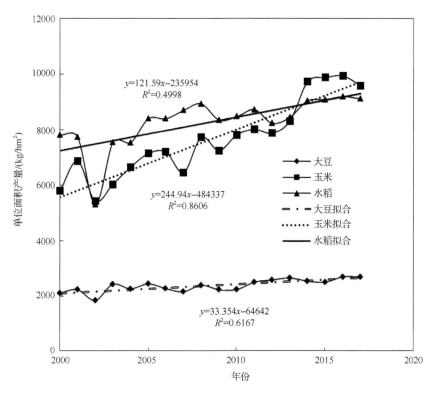

图 6-5　各农作物单位面积产量

以 2017 年农作物单位面积产量为基数，水稻、大豆和玉米分别为 9104kg/hm²、9573kg/hm² 和 2665kg/hm²。由图 6-5 可以看出，三种农作物单位面积产量均呈现上升趋势，运用拟合出的线性公式，计算各作物的平均增长率，得出 2000～2017 年水稻、大豆和玉米的平均增长率分别为 1.42%、1.36%、3.00%。考虑这三年粮食单位面积产量增幅较小的实际情况，保守预测 2020 年和 2025 年三种农作物产量增长，对上述增长率按照 60%保证率计算，因此，2017～2025 年，水稻、大豆和玉米的单位面积产量平均增长率为 0.85%、0.82% 和 1.8%。通过上述分析，以所得到的水稻、大豆、玉米作物年均增长率和 2017 年各作物产量为计算基础，分别得到黑龙江省建三江管理局 2017 年、2020 年和 2025 年的各粮食作物的单位面积产量，如表 6-9 所示。

表 6-9　不同年份各种农作物单位面积产量预测　　　单位：kg/hm²

农作物	单位面积产量		
	2017 年（现状年）	2020 年（近期）	2025 年（中期）
水稻	9104	9438.13	9741.81
大豆	2665	2811.52	3073.83
玉米	9573	9810.43	10219.31

根据相关调查，水稻、玉米和大豆成本价格分别 16500 元/hm²、9000 元/hm² 和 8250 元/hm²，随着我国人口的增长和粮食需求量的不断扩大，粮食价格将处于稳定增长态势，又加上当前节水效率的提高，化肥和农药使用量减少，粮食成本会略有下降。因此，假定三种农作物净产值每年平均增长率相同，均以 1%粗略计算，三种农作物净产值预测如表 6-10 所示。

表 6-10　三种农作物净产值预测　　　单位：元/hm²

农作物	净产值		
	2017 年（现状年）	2020 年（近期）	2025 年（远期）
水稻	10903.04	11607.77	12822.84
大豆	1477.25	2073.02	2178.76
玉米	6603.09	6696.69	7350.90

4）单位面积农作物生态效益预测

为了提高农作物的产量，增加种植作物效益，需要综合全面考虑单位面积农作物的生态效益，它是农业种植结构进行调整的基础，但并不是生态效益越优就要越大面积种植，还需考虑社会市场的需求。种植结构的生态效益具有两面性，一方面种植作物可以改善水土和生物固碳产生正生态效益，另一方面为满足种植作物的生长和产量，化肥、农膜和农药等的使用产生负生态效益。生态效益相关计算参考前人研究提供的理论和方法[16]，结合当地作物生长情况，得出三种作物的生态效益，如表 6-11 所示。

表 6-11　建三江管理局各农场单位面积农作物生态效益预测　　　单位：元/hm²

农作物	生态效益		
	2017 年（现状年）	2020 年（近期）	2025 年（中期）
水稻	509	519	534
大豆	427	434	445
玉米	427	434	445

5）单位面积毛灌溉定额预测

为计算单位面积毛灌溉定额，需确定各农作物的灌溉净定额 M_j 和灌溉水利用系数 k，通过查阅最新版黑龙江省地方标准《用水定额》（DB23/T727—2017），确定三江平原地区的水稻、大豆和玉米灌溉净定额 M_j，参照黑龙江省灌溉水利用系数 k 得出该区域的灌溉水利用系数，如表 6-12 所示。

表 6-12　建三江管理局单位面积毛灌溉定额

农作物	灌溉方式	定额值/（m³/hm²）	下限均值/（m³/hm²）	灌溉水利用系数
水稻	井灌	4200～4950	4500	0.662
	小型渠灌	4800～5700		0.525
大豆	地面灌溉	1404～1972	1125	0.445
	喷灌	846～1125		0.825
玉米	地面灌溉	1440～1890	1152	0.445
	喷灌	864～1134		0.825

注：毛灌溉定额的下限均值灌溉保证率为 75%；地面灌溉定额以枯水年为基准

由表 6-12 可以看出，水稻、大豆和玉米的毛灌溉定额下限值分别为 4500m³/hm²、1125 m³/hm² 和 1152 m³/hm²，k 取两灌溉方式均值，分别为 0.5935、0.635、0.635，假定 2020 年、2025 年的灌溉净定额保持不变，最终计算得出毛灌溉定额为 7588.53 m³/hm²、1772 m³/hm²、1814 m³/hm²。

6）种植结构优化模型结果分析与讨论

以建三江管理局各农场 2020 年和 2025 年为预测数据，基于多目标布谷鸟搜索算法优化模型基本原理，从算法收敛性、时间性能等方面进行优化，反复测算和调整迭代次数、非支配解因子、权重等参数，得到最优组合参数，其基本参数如表 6-13 所示。

表 6-13　算法的基本参数

参数名称	参数值	参数名称	参数值
种群规模	150	非支配解种群的数量	50
发现新巢概率	0.35	初始权重	0.6
迭代次数	100	权重衰减因子	0.99
非支配解集的扩展因子	0.1	目标函数扩展网格大小	10
非支配解选择因子	2	非支配解淘汰因子	2

根据上述农作物各参数预测和算法参数优化，采用布谷鸟多目标优化模型对各农场三种作物种植面积进行预测，2020 年和 2025 年的计算结果如表 6-14 所示。

表 6-14　农作物种植面积预测　　　　　　　　单位：hm^2

农场	2020 年			2025 年		
	水稻	大豆	玉米	水稻	大豆	玉米
八五九	64771.5	12762.9	6552.1	67854.1	18070.9	2935.9
胜利	34321.4	6952.8	4574.9	36731.9	10379.8	2564.7
七星	67383.6	6920.4	4330.3	72397.7	8038.5	3088.4
勤得利	50795.4	6204.4	4320.2	53065.1	9110.8	3477.9
大兴	40111.3	5241.7	3759.0	47072.2	3619.3	2204.6
青龙山	33847.5	896.4	1800.7	35206.3	2595.7	1999.9
前进	49533.9	666.9	1620.5	50824.1	2548.5	1781.7
创业	36143.4	350.5	1509.3	37445.3	1664.7	1813.6
红卫	37014.1	1052.9	1741.4	39451.1	1537.3	1788.2
前哨	36485.9	456.2	1709.1	37517.3	2063.9	2068.6
前锋	66438.5	2023.8	3266.1	70684.7	3284.6	2312.7
洪河	40627.1	1217.6	1802.3	42607.7	2394.9	2059.2
鸭绿河	27651.0	383.9	1520.4	28451.3	1713.2	1823.4
二道河	33380.2	914.3	1695.6	34954.6	2239.7	1928.6
浓江	36789.6	506.1	1467.2	38042.5	2288.4	2037.9
建三江管理局	655294.4	46550.8	41669.1	692305.9	71550.2	33885.3

从表 6-14 可以看出，该区域种植的作物仍主要以水稻为主，与现状年 2017 年种植面积相比，2020 年和 2025 年水稻种植面积分别占据总种植面积的 88.13% 和 86.78%，比现状年 2017 年种植面积有所下降，分别下降 0.75 % 和 2.11%；大豆和玉米种植面积均有所变化，2017 年分别占农场种植面积的 8.90% 和 2.22%，2020 年占农场种植面积的 6.26% 和 5.60%，2025 年占农场种植面积的 8.97% 和 4.25%。除此以外，我们分别对农业种植的经济效益、生态效益、社会效益及灌溉用水量进行分析，如图 6-6 所示。

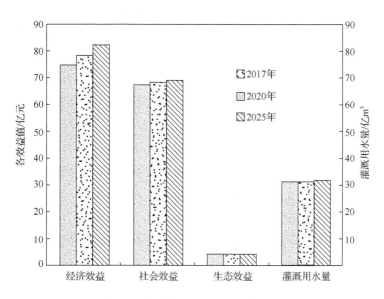

图 6-6　农作物各效益及灌溉用水量

从图 6-6 中可以看出，经济效益 2020 年和 2025 年将分别达到 78.3 亿元和 82.1 亿元，比 2017 年经济效益分别提高 4.83%和 9.87%；灌溉用水量由 2017 年最初的 31.35 亿 m³ 到 2025 的 31.61 亿 m³；生态效益 2020 年和 2025 年分别达到 3.87 亿元和 3.88 亿元，整体上比 2017 年分别提升 2.93%和 3.12%。通过上述分析可知，社会效益、经济效益、生态效益均有所改善，且灌溉用水量保持相对平衡。

随着社会的不断进步和发展，人们已经意识到农业种植结构调整不仅要考虑粮食安全、农作物净效益和灌溉用水量等，还应更多地考虑该区域的农业水资源的恢复能力。基于上述对预测年份的种植结构研究和分析，引入恢复力系数，研究恢复力对农业种植结构的影响效应，以 2020 年为研究年份，对比分析农业水资源系统恢复力系数约束下农作物种植结构优化结果，如表 6-15 所示。

表 6-15　考虑恢复力约束前后该区域 2020 年农作物种植结构优化结果

	引入恢复力系数之前	引入恢复力系数之后
水稻总面积/hm²	645708.1	655294.5
大豆总面积/hm²	67588.9	46550.9
玉米总面积/hm²	16833.0	41669.1

续表

	引入恢复力系数之前	引入恢复力系数之后
农作物总产量/万 t	6988	6730
农作物净产值/亿元	81.96	80.93
生态总效益/亿元	3.96	3.87
灌溉用水量/万 m^3	31.35	31.12

从表 6-15 可以看出,在区域农业水资源系统恢复力约束条件下,与引入恢复力系数之前相比,引入恢复力系数之后,该区域农作物总产量为 6730 万 t,下降了 3.69%;同时农作物净效益和生态总效益也有所下降,分别下降 1.26%和 2.27%;受农业种植结构恢复力约束的影响,灌溉用水量略有下降,主要是由农作物种植结构转变明显和种植面积减少造成。综上所述,农业种植结构受到农业水资源系统恢复力系数显著制约,因此农业种植中需要格外重视农业水资源系统恢复力的保护,各农场引入恢复力系数前后种植面积变化如表 6-16 所示。

表 6-16　建三江管理局各农场农作物种植面积优化对比分析　　单位:hm^2

农场	引入恢复力系数之前			引入恢复力系数之后		
	水稻	大豆	玉米	水稻	大豆	玉米
八五九	66546.7	15875.7	4033.1	64771.5	12762.9	6552.1
胜利	35853.6	8957.2	2000.0	34321.4	6952.8	4574.9
七星	69422.6	10678.3	2275.1	67383.6	6920.4	4330.3
勤得利	52613.3	8618.9	1738.2	50795.4	6204.4	4320.2
大兴	41182.0	7953.9	1618.2	40111.3	5241.7	3759
青龙山	34956.4	1803.6	601.2	33847.5	896.4	1800.7
前进	50856.2	1500.5	500.2	49533.9	666.9	1620.5
创业	37234.5	844.3	281.4	36143.4	350.5	1509.3
红卫	38002.2	1660.2	553.4	37014.1	1052.9	1741.4
前哨	37459.9	914.4	304.8	36485.9	456.2	1709.1
前锋	68463.6	3934.4	1311.5	66438.5	2023.8	3266.1

续表

农场	引入恢复力系数之前			引入恢复力系数之后		
	水稻	大豆	玉米	水稻	大豆	玉米
洪河	41711.6	1743.2	581.1	40627.1	1217.6	1802.3
鸭绿河	28389.1	705.2	235.1	27651.0	383.9	1520.4
二道河	34707.6	1436.3	478.8	33380.2	914.3	1695.6
浓江	38008.8	962.8	320.9	36789.6	506.1	1467.2

从表 6-16 中可以看出，各农场未引入恢复力系数前后，三种作物种植面积变化显著，说明农场的恢复力大小对农业种植结构具有一定程度的影响，在进行农作物种植时应充分考虑其当前恢复力情况。

参 考 文 献

[1] 马建琴, 郭晶晶, 赵鹏. 基于主成分分析和熵值法的景观水水质评价[J].人民黄河, 2012, 34(3): 36-38.

[2] 周丽, 黄素珍. 基于模拟退火的混合遗传算法研究[J]. 计算机应用研究, 2005, 22(9): 72-73.

[3] 张志军, 黄宝连. 基于水资源优化配置的多目标决策模型探析[J]. 水利规划与设计, 2010(12): 18-21.

[4] 张成凤. 基于遗传算法的榆林市水资源优化配置的研究[D]. 咸阳: 西北农林科技大学, 2008.

[5] 吕萍. 建三江分局水资源承载力评价及优化配置研究[D]. 哈尔滨: 东北农业大学, 2011.

[6] 刘玉邦, 梁川. 免疫粒子群优化算法在农业水资源优化配置中的应用[J]. 数学的实践与认识, 2011, 41(20): 163-171.

[7] 梁美社, 王正中. 基于虚拟水战略的农业种植结构优化模型[J]. 农业工程学报, 2010, 26(S1): 130-133.

[8] Pan H, Liu Y, Gao H. Impact of agricultural industrial structure adjustment on energy conservation and income growth in Western China: a statistical study[J]. Annals of Operations Research, 2015, 228(1): 23-33.

[9] 王玉宝. 节水型农业种植结构优化研究[D]. 咸阳: 西北农林科技大学, 2010.

[10] 王雷明. 水资源约束条件下的农业种植结构优化研究[D]. 咸阳: 西北农林科技大学, 2017.

[11] Yang X S, Deb S. Cuckoo Search via Lévy flights[C]. Coimbatore: 2009 World Congress on Nature & Biologically Inspired Computing (NaBIC), 2009.

[12] 兰少峰, 刘升. 布谷鸟搜索算法研究综述[J]. 计算机工程与设计, 2015(4): 1063-1067.

[13] 张晓凤, 王秀英. 布谷鸟搜索算法综述[J]. 计算机工程与应用, 2018(1): 8-16.

[14] Yang X S, Deb S. Multiobjective cuckoo search for design optimization[M]. Amsterdam: Elsevier Science Ltd, 2013.

[15] 陈玲玲, 林振山, 郭杰, 等. 基于 EDM 的中国粮食安全保障研究[J]. 中国农业科学, 2009, 42(1): 180-188.

[16] 陈兆波. 基于水资源高效利用的塔里木河流域农业种植结构优化研究[D]. 北京: 中国农业科学院, 2008.

彩 图

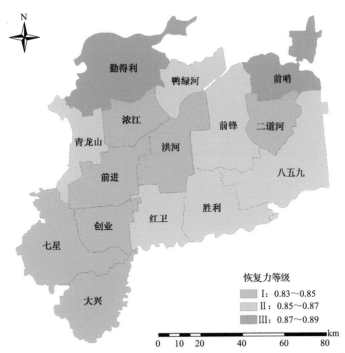

图 2-3　GRA 模型下建三江管理局水土资源系统恢复力等级分区图

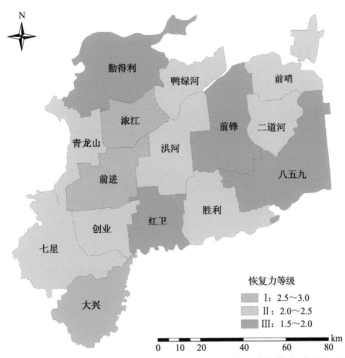

图 2-4　MTS 综合评价模型下建三江管理局水土资源系统恢复力等级分区图

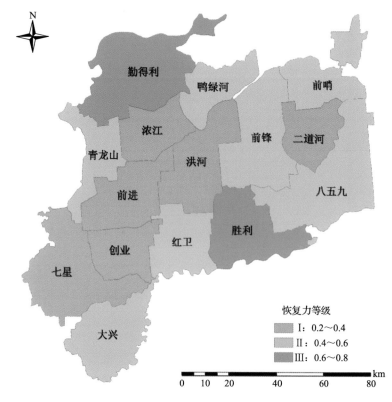

图 2-5　TOPSIS 评价模型下建三江管理局所辖农场水土资源系统恢复力等级分区图

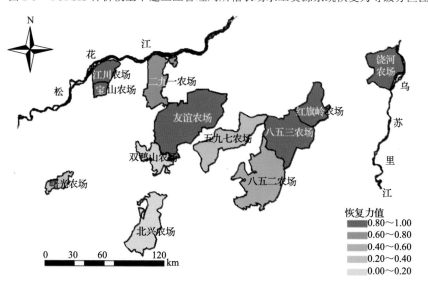

图 2-19　基于 RAGA-PP 模型水资源系统恢复力空间分布图